はじめて学ぶ
ぼくたちの温泉科学

r. Hotspring or: How I learned hot spring science and
love the hot springs?

森 康則 MORI Yasunori
.重県保健環境研究所　三重大学大学院生物資源学研究科

三重大学出版会

Dr. Hotspring
Or: How I learned hot spring science and to love the hot springs

The purpose of this publication is to provide the scientific background of hot springs, the use of their resources, and their benefits. I collectively refer to all disciplines with hot springs within their subject matter as "hot spring science."

Hot spring science includes all the geosciences, such as geology, geochemistry, volcanology, seismology, and geophysics, and also all the disciplines related to hot spring medicine, such as medicine, epidemiology, and rehabilitation science. Applied sciences such as hygiene, analytical chemistry, and engineering, as well as a variety of humanities and social sciences, such as tourism, cultural theory and history, and ownership of hot springs, are also included.

Hot spring science is an interdisciplinary field of study that encompasses several academic disciplines. Hot springs are the "subject," but not the "methods" of the research. Therefore, a myriad of approaches is used to study and understand hot springs. Alternatively, the essence of hot spring science is an aggregate of these various research approaches.

This book is intended to introduce the interdisciplinary field of hot spring science. I hope that it will encourage readers to pursue the topic at an even greater depth (like a deep-well hot spring!).

Dr. Hotspring

　本書の目的は、温泉を科学的に理解することで、その温泉資源や効果を活用していただくことです。我々は、温泉を対象物とする全ての学問を総称し、「温泉科学」と呼んでいます。

　温泉科学には、地質学、地球化学、火山学、地震学、地球物理学などの地球科学全般だけでなく、医学、疫学、リハビリテーション学といった温泉医療に関する学問全般、衛生学、分析化学、工学といった応用科学の分野に加え、温泉の観光学的価値、文化論や歴史、温泉の所有権といった、人文系、社会系の学問分野を含めたさまざまな学術分野が含まれます。

　温泉科学は、こういった非常に数多くの学問分野を横断的に網羅し、文系、理系の枠を飛び越えるような、極めて学際的な学問分野ということができます。

　温泉科学において、温泉は、研究の「対象」ではあって、研究の「手段」ではありません。したがって、温泉を理解するためには、それこそ無数ともいえる様々なアプローチが存在します。つまり、その雑多ともいえる研究アプローチの集合体が、温泉科学の実体だということができます。

　これまで温泉科学では、何かの専門分野を持つ研究者たちが、それぞれの専門的なアプローチで研究を進め、そのそれぞれで優れた研究成果を上げてきました。地球科学者は地球科学の立場から、分析化学者は分析化学の立場から、医学研究者は医学の立場から、それぞれの得意とする視点で、温泉という対象物の理解を試みてきたわけです。

　しかし、さまざまな動機をもって、はじめて温泉科学に興味を持った人たちにとっては、あまりにも学術分野が広すぎて、その個々の研究成果を見ていても、それがどういう意味を持つのか理解できないという側面があるのではないかと、私は考えました。

　そこで、そのような温泉科学に興味のある方々のために、これらのさまざまな研究分野を網羅的に理解するための温泉科学のファーストステップのような本が必要なのではないか、という意図から、私はこの本を執筆することにしました。

　本書は、「教科書」でも「専門書」でもありません。表紙やタイトルからは子ども向け、のような印象をもたれるかもしれませんが、大人が十分に読んでいただけるものを想定しながら書いています。本書は、これを読めば、極めて学際的といえる温泉科学のファーストステップを踏み出せる、というような意図をもって作られたものです。したがって、そのような温泉科学をはじめて学ぼうという人たちに向けた、「とっ

かかり」を第一目標としています。

　はじめて温泉科学を学ぼうとする方々が、楽しみながら理解してもらうための工夫として、全編をQ&A方式で解説しています。内容はできるだけ平易な記述にしたり、解説にはイラストを使用したりして、感覚的な理解ができるよう工夫しました。

　また、1点気を付けたことがあります。私は、2013年、つまり本書が出版される10年前に、本書と同じく三重大学出版会から「温泉とは何か—温泉資源の保護と活用」という本を出版しました。

　おかげさまで、読んでいただいた方から良い評価をいただいた一方で、一部の方々から、客観的な解説に終始していて、その文章内容からなかなか実感がわいてこない、というような感想もいただきました。確かに前著は、表現をよりどこまでも客観的にすることによって、より専門書らしく記述することに細心したわけですが、それだけの記述では、温泉の専門書であるにも関わらず、やや「熱」のない文章になってしまっていたのではないか、と反省しました。

　そこで、本書では、通常、専門書や論文ではできるだけ避けるべきである、著者自身がその課題についてどう感じているか、どう考えているか、というような、主観的な経験や感想、意見などを、この本の登場人物であるDr.ホットスプリングの発言に忍ばせて、できるだけ読者の違和感が生じないように気を付けながら、書くように努めました。

　もちろん、それらの感想や意見について、私と賛同していただける方も見えるでしょうし、そうではない方もおられるかと思います。そういった議論も含めて、本書が書き記すことによって、温泉ならではの「熱」のこもった話題を、読者のみなさまに提供できるのではないか、と考えています。

　さて、本書で説明している内容の中には、実は最新の研究成果も含まれています。最新の研究成果は、一概に優れているというわけではなく、現在その課題について現在進行中で研究的議論が進められている、というような知見が含まれているということです。それらの最新の知見が結果的に普及する場合もありますし、今後の研究の進み具合によっては、その真偽がひっくり返る、というような可能性もあります。

　今は調べようと思えば、誰でも何でも調べることができる時代です。もしこの本を読んで、温泉科学のより深い部分を知りたいという興味がわいたならば、専門的な文献を調べていただきたいと思います。そのような文献の原本を探していただいたことをきっかけに、温泉科学のセカンドステップ、サードステップに進んでいく方が、一人でも多く現れることを願ってやみません。

2023年2月

森　康則

プロローグ　温泉を学んでみようかな？

そ、そうです…

たしかに、君の言うとおり。温泉は、なんとなくしか知らなくて入っていても

気持ちいい

でもね、ちゃんと知ってから温泉に入ると、もっとおもしろいよ
温泉効果も、倍増するかも

本当ですか!?

あなたはどなたですか?

名前：Dr.ホットスプリング
温泉のことならだいたい何でも知ってます

あまりにも温泉に入って気持ちよすぎて湯気みたいな頭になった

温泉そのものをペットに（おんせんくん）

私はDr.ホットスプリング

君たちくらい温泉が好きだったら、一緒に温泉科学を学んでみない？

…いいですね！
温泉科学を学んでみます！

Dr.ホットスプリングみたいな頭になるのはイヤだけど！

目 次

Section 1 そもそも温泉とは何でしょうか？ 11

Section 2 温泉には 何が含まれているのでしょうか？ 27

Section 3　温泉に行ったら健康になれますか？　41

Section 4　温泉浴槽水をきれいに保つには？　　65

Section 5　良い温泉を掘り当てるには？　　83

そもそも温泉とは
何でしょうか？

この前、温泉に行ってきたよ。

どんな温泉に行ってきたの？

源泉風呂っていってね。
ものすごく冷たかった。ほとんど水風呂。

へえ。冷たいお風呂も温泉っていうのかな。

僕も本当に温泉なのかな、って思ったんだけど、
そこにはちゃんと「温泉」って書いてあったんだ。

ふうん。冷たい温泉もあるってこと？

　ひとくちに温泉といっても、いろいろありますよね。

　ものすごく熱い、蒸気が立ち込めるようなものもあれば、なかには、ほとんど水と温度が変わらないようなものもあります。

　地球上には、無数の地下水が湧き出ています。でも、その全ての地下水が温泉、というわけではありません。

　では、私たちは一体何をもってこれは温泉だ、これは温泉ではない、といっているのでしょうか？

冷たい温泉というのはありえるのでしょうか？

ありえる。泉温が低くても成分濃度の条件を満たしていれば、冷鉱泉という名の「温泉」になるよ。

温泉に行くと暖かいお風呂が沸いています。温泉に入ると体の芯まで温まりますね。

水道水や井戸水を沸かしているような浴場もありますが、そういった施設は通常は**温泉**ではなく、**銭湯**とか、**公衆浴場**などと呼ばれることが多いでしょう。

さまざまな地下水がある中で、我々が何をもって温泉と呼ぶと判断するかは、実はかなり重要な問題です。さてここでは、そもそも温泉とは何なのか、温泉は、温泉とは呼ばれない他の地下水と何が違うのか、を考えてみましょう。

この答えは割と明確です。**温泉法**[1]という法律で決められている規定を満足すれば温泉であり、その規定を満たさなければ温泉ではありません。

温泉の定義は、温泉法第2条および別表で明確に定められています。温泉法は、戦後間もない昭和23年の成立以来、現在までに幾多の改正を重ねています。温泉法は、現在は**環境省**がその実務を所管しています。

温泉法第2条には以下のような記載があります。

「この法律で「温泉」とは、地中からゆう出する温水、鉱水及び水蒸気その他ガス（炭化水素を主成分とする天然ガスを除く。）で、別表に掲げる温度又は物質を有するものをいう。」

温泉の定義が示されている温泉法の別表には、**温度（泉温）**や**溶存物質**など、全部で20種類の規定項目と、そのそれぞれに**規定値（限界値）**が定められています。通常の「地下水」が「温泉水」と判定されるためには、この別表に示された条件を、どれか一つでも満足していることが必要です。

一例を挙げましょう。次頁の温泉の規定値の表の中に「1. 温度（源泉から採取されるときの温度）摂氏25度以上」という規定があります。この規定から、地表に湧出してきたときの地下水の泉温が、25℃以上であれば、含有成分がどうであろうと、それは温泉だということになります。

泉温が規定値に満たない場合はどうでしょうか。例えば、泉温15℃であれば、この「温度」という規定項目に限ってみれば、これを温泉と判断することはできません。しかし、その15℃の温泉水を化学分析してみたところ、例えば、**メタけい酸**（H_2SiO_3）

が 55 mg/kg 含まれていた、という場合を想定しましょう。

　その場合、メタけい酸の温泉法上の規定値は 50 mg/kg ですので、その地下水は温泉法上の温泉と判断できます。つまり、たとえ手触りが冷たくても、その化学成分により、温泉法上の温泉になるものがあるということです。温度が冷たく、かつ温泉中の含有成分の中の何らかの規定項目の基準値を満たす温泉のことは、**冷鉱泉**と呼ばれています。

温泉の規定値

1. 温度（源泉から採取されるときの温度）摂氏 25 度以上
2. 物質（以下の掲げるもののうち、いずれかひとつ）

物質名	含有量（1 kg 中）
溶存物質（ガス性のものを除く）	総量 1,000 mg 以上
遊離二酸化炭素（CO_2）	250
リチウムイオン（Li^+）	1
ストロンチウムイオン（Sr^{2+}）	10
バリウムイオン（Ba^{2+}）	5
総鉄イオン（$Fe^{2+}+Fe^{3+}$）	10
マンガン（Ⅱ）イオン（Mn^{2+}）	10
水素イオン（H^+）	1
臭化物イオン（Br^-）	5
よう化物イオン（I^-）	1
ふっ化物イオン（F^-）	2
ひ酸水素イオン（$HAsO_4^{2-}$）	1.3
メタ亜ひ酸（$HAsO_2$）	1
総硫黄（S）（$HS^-+S_2O_3^{2-}+H_2S$ に対応するもの）	1
メタほう酸（HBO_2）	5
メタけい酸（H_2SiO_3）	50
炭酸水素ナトリウム（$NaHCO_3$）	340
ラドン（Rn）	20×10^{-10}（Ci） 5.5（マッヘ単位） 74（Bq）
ラジウム塩（Ra）	1×10^{-8}

※温泉法の別表に準じながら、各項目の表記は適宜わかりやすく改めています（→p.20）。

（記載のない場合、単位は mg）

　温泉を浴槽水として使用している施設では、必ず温泉分析書が掲示されています。今から自分が入る温泉が、果たしてどの規定項目で温泉として判断されているのか、一度確認してから入浴してみてはいかがでしょうか。

全ての温泉に泉質が付けられているのですか？

いいえ。泉質が付いているのは、「温泉」の上位の位置づけの「療養泉」だけ。泉質がない「温泉」も、たくさんあるよ。

　旅番組や旅行雑誌の温泉特集などを見ていると、「この温泉の適応症は冷え性です」といったような、温泉の療養効果に関する情報が、必ずといっていいほど紹介されます。多くの温泉の利用客が、それぞれの温泉の療養効果に高い関心があることの現れでしょう。

　このことは、今に始まったことではありません。我が国の温泉は古くから、疾病の治療や療養を目的として利用されてきました。**温泉療養**の**医治効能**について示すことは、温泉の有効活用の観点からも、とても重要なことと考えられます。

　各温泉の医治効能は、環境省から出された通知[2]に基づいて、掲示されています。その通知の中で、温泉の中で「特に治療の目的に供し得るもの」を**療養泉**と定義し、その規定項目と規定値のうち、どれか一つでも満足する必要があります。

療養泉の規定値

1. 温度（源泉から採取されるときの温度）摂氏 25 度以上
2. 物質（以下に掲げるもののうち、いずれかひとつ）

物質名	含有量（1 kg 中）
溶存物質（ガス性のものを除く）	総量 1,000 mg 以上
遊離二酸化炭素（CO_2）	1,000
総鉄イオン（$Fe^{2+}+Fe^{3+}$）	20
水素イオン（H^+）	1
よう化物イオン（I^-）	10
総硫黄（S）（$HS^-+S_2O_3^{2-}+H_2S$ に対応するもの）	2
ラドン（Rn）	30×10^{-10} (Ci) 8.25（マッヘ単位） 111 (Bq)

（記載のない場合、単位は mg）

2　平成 26 年（2014 年）7 月 1 日環自総発第 1407012 号環境省自然環境局長通知。

　温泉の規定値と見比べると、療養泉の規定項目は温泉の規定項目と多く重複していることがわかるかと思います。ここでは、療養泉の規定項目の一つ、**遊離二酸化炭素**（CO_2）を例に挙げて説明してみましょう。

　遊離二酸化炭素は、温泉と療養泉のいずれにおいても、それぞれの規定値が定められています。温泉の遊離二酸化炭素の規定値は 250 mg/kg で、療養泉の遊離二酸化炭素の規定値は 1,000 mg/kg です。したがって、遊離二酸化炭素の含有量が 250 mg/kg 未満であれば一般的な地下水（**常水**）に、250 mg/kg 以上 1,000 mg/kg 未満であれば、温泉法上の温泉と区分されます。

　さらに、遊離二酸化炭素の含有量が 1,000 mg/kg 以上となると、療養泉と判断され、**二酸化炭素泉**[3]という泉質に区分されます。詳細な泉質名としては、主に「**含二酸化炭素－ナトリウム・塩化物温泉**」などと、「**含二酸化炭素**」という接頭語のような語句がついた泉質名になります。

　温度（**泉温**）については、温泉も療養泉も、規定値が「摂氏 25 度以上」で、全く同じです。つまり泉温が 25℃以上の場合は全てが温泉となり、同時に療養泉にもなる、ということになります。泉温が 25℃以上の場合（かつ、溶存物質量が少なく、他の泉質が付かない場合）は、**単純温泉**という泉質になります。単純温泉という名称は割と多くの方に知られていますが、これは療養泉の泉質の名称のひとつです。

　一般に、温泉と名の付くところなら、全ての温泉に泉質があるのではないか、と思われることもありますが、それは誤りで、決してそういうことはありません。「温泉以上、療養泉未満」のような温泉もたくさんあります。もしみなさんが温泉に行ったとき、その温泉が療養泉であったら、ちょっとラッキー、と考えるくらいが、ちょうど良いのではないでしょうか。

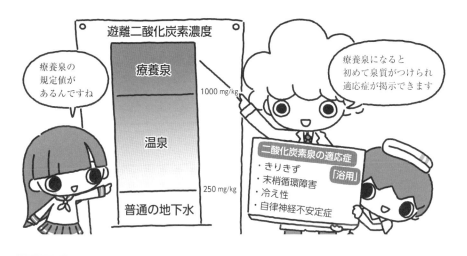

温泉に行ったら、「低張性弱アルカリ性冷鉱泉」と
書かれていました。これも泉質名なのでしょうか？

それは、「泉質」ではなくて温泉の「分類」。間違
えやすいんだよな、これ。

　温泉に行くと、脱衣所やロビーなどに、ほぼ必ず温泉分析書が貼ってありますね。
その掲示に**低張性弱アルカリ性冷鉱泉**などと書いてあることがあります。いかにも**泉
質**の名称のように見えますが、これは泉質ではありません。これは、泉質とは異なる
温泉の分類に相当します。
　全ての温泉は、**浸透圧（溶存物質）、液性（pH）、泉温**によって、分類することが
できます[4]。

浸透圧（溶存物質）による分類

分類	溶存物質[※]（g/kg）	凝固点
低張性	8 未満	− 0.55℃以上
等張性	8 以上 10 未満	− 0.55℃未満 − 0.58℃以上
高張性	10 以上	− 0.58℃未満

※ガス性のものを除く

液性（pH）による分類

分類	pH
酸性	pH 3 未満
弱酸性	pH 3 以上　6 未満
中性	pH 6 以上 7.5 未満
弱アルカリ性	pH 7.5 以上 8.5 未満
アルカリ性	pH 8.5 以上

泉温による分類

分類		泉温
冷鉱泉		25℃未満
（広義の）温泉	低温泉	25℃以上 34℃未満
	（狭義の）温泉	34℃以上 42℃未満
	高温泉	42℃以上

4　環境省自然環境局が定める「鉱泉分析法指針（平成 26 年版）」に規定されています。同指針には、「鉱泉の分類」
　と記載されており、厳密には**鉱泉**は「温泉」からガス成分を除いたものを指しますが、温泉の区分上は、ほぼ同義
　と捉えて差し支えありません。

　このことから、「低張性弱アルカリ性冷鉱泉」と書いてあったなら、以下のような
意味になります。

低張性	＝ 溶存物質が 8 g/kg 未満・凝固点が−0.55℃以上
弱アルカリ性	＝ pH7.5 以上 8.5 未満
冷鉱泉	＝（地表湧出時の）泉温が 25℃未満

　このことから、**低張性弱アルカリ性冷鉱泉**という分類に示された情報から、その温
泉の基本的な性状が、ある程度想像できるというわけです。
　温泉には該当するけれど、療養泉には該当しないという温泉は、そもそも泉質があ
りません。泉質がないため、利用者がその温泉の性質の概略を知る方法がありません
ので、代わりにこの温泉の分類が、温泉の基本的な性状を説明するために使用された
りすることが多いようです。ただ、重ねて言いますが、この分類は泉質とは異なりま
すので、これらを混同しないようにしなければなりません。
　ちなみに、この分類の浸透圧（溶存物質）は、日本の温泉のほとんどの温泉が低張
性で、**等張性**や**高張性**に分類される温泉は、かなり希少性があります。液性（pH）は、
大まかには、**火山性地域**では酸性〜弱酸性の温泉が、**非火山性地域**では弱アルカリ〜
アルカリ性の温泉が多くなる傾向があります。泉温も、火山性地域では、火山由来の
マグマの熱源があるので高温泉の割合が高くなり、非火山性地域では、特に掘削深度
が深い温泉を除けば、冷鉱泉の割合が高くなる傾向があります。
　温泉の分類もまた、その温泉井戸が位置する地域の**地質環境**や**火山**の影響の有無、
掘削深度など、その地域性の影響を強く受けています。

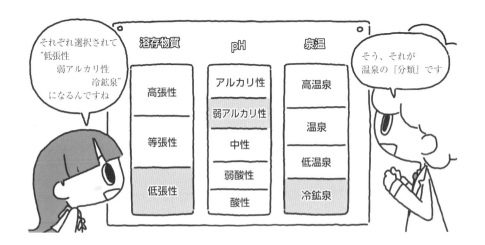

温泉の泉質は何種類ありますか？

大きく分けると3種類。普通に分けて10種類。細かく分けると、それこそ無数とも言える組み合わせが存在するんだ。

　療養泉に相当する全ての温泉には**泉質**が付けられています。泉質の最も概略的な区分としては、**塩類泉、単純温泉、特殊成分を含む療養泉**の3種類に分けられます。

　塩類泉は、**溶存物質**[5]が 1,000 mg/kg 以上の鉱泉[6]を指します。塩類泉は「ナトリウム−塩化物温泉」「カルシウム−炭酸水素塩温泉」「マグネシウム−硫酸塩冷鉱泉」など、「(陽イオンの主成分)−(陰イオンの主成分)−(温泉または冷鉱泉)」と組み合わせた泉質になります。

　単純温泉は、泉温が 25℃ 以上で、かつ溶存物質が 1,000 mg/kg 未満の鉱泉を指します。なかでも、湧出地での pH 値が 8.5 以上の単純温泉のことを**アルカリ性単純温泉**と呼びます[7]。

　特殊成分を含む療養泉は、療養泉の規定項目である特殊成分のうちで、**遊離二酸化炭素、総鉄イオン、水素イオン、よう化物イオン、総硫黄、ラドン**について、療養泉の規定値以上含む鉱泉を指します。

　例えば、二酸化炭素が 1,000 mg/kg 以上の温泉が、この区分に該当する場合、その温泉は**単純二酸化炭素温泉**[8]と呼ばれます。特殊成分を含む場合は、同時に塩類泉にも該当する場合もあります。この場合は、**含二酸化炭素−ナトリウム−炭酸水素塩温泉**などと表記されます。この泉質名から、「遊離二酸化炭素を 1,000 mg/kg 以上かつ溶存物質を 1,000 mg/kg 以上含み、その陽イオンの主成分がナトリウムイオン、陰イオンの主成分が炭酸水素イオンで、泉温が 25℃ 以上であること」を、この泉質名を見るだけで知ることができます。

　さらに泉質は、10 種類に分ける方法が最も汎用的に使われています。その分類方法によると、全ての療養泉は、**単純温泉、塩化物泉、炭酸水素塩泉、硫酸塩泉、二酸化炭素泉、含鉄泉、酸性泉、含よう素泉、硫黄泉、放射能泉**に分類できます。この分類によって、その温泉の**適応症**（→ p.44、p.50）や**禁忌症**（→ p.46、p.51）が決定さ

5　溶存物質には、**遊離二酸化炭素**や**硫化水素**など、ガス性の成分は除きます。

6　泉温が何度であろうと、**溶存物質**が規定値以上であれば**塩類泉**に区別されます。泉温 25℃ 以上で、溶存物質総量が 1,000 mg/kg 以上の温泉は、塩類泉と単純温泉のいずれの条件も満たしますが、この場合は**塩類泉**の区分が優先されます。

7　酸性の単純温泉は「酸性単純温泉」とはなりません。酸性でも「単純温泉」になります。

8　泉温 25℃ 未満のときは、**単純二酸化炭素冷鉱泉**となります。

れるので、この泉質区分は非常に重要です。

　全国の温泉で、数が多い泉質は**単純温泉**と**塩化物泉**でしょう。全国における単純温泉の分布としては、北海道や東北地方、あるいは九州地方といった、火山地域に単純温泉が多い傾向があります。これは言うまでもなく、**火山**に由来する高温の**マグマ**などが熱源となり、地下水を温める、つまり温泉水化させるからです。

　塩化物泉は**塩化ナトリウム**などを主要な成分とする温泉です[9]。古い時代の海水、すなわち**化石海水**などを起源とする水であったり、その地域に存在する岩石（**湧出母岩**）中のミネラル成分が溶出したりして、塩化物泉が生成されます。つまり泉質は、その温泉が位置する地域の火山をはじめとする熱源、地質、地形、湧出母岩など、地質的要素に多大な影響を受けていることになります。

　私は温泉に行って**岩風呂**があったりすると、その岩石がその地域で産出された湧出母岩かどうかを確認したりします。滅多にはないことですが、その地域の湧出母岩で岩風呂が作ってあったりすると、湧出母岩と温泉水との関係を感じられるだけでなく、その温泉施設の温泉科学への造詣や、深い温泉愛を感じられて、よりその温泉が好きになります。

9　現在の泉質区分である**塩化物泉**は、過去の泉質の規定では**食塩泉**と呼ばれていました。食塩泉と呼ばれている温泉がもしあれば、それは過去の泉質区分の名残です。

ステップアップ Q & A

温泉の規定に「泉温 25℃以上」とありますが、なぜ 25℃なのでしょうか？ お風呂のお湯にしてはずいぶん温度が低い気がします。

温泉の規定値の設定には、一説には 1911 年にドイツで策定された**ナウハイム決議**を参考としているとされています。泉温に関しては、戦前の台湾周辺の南方諸地域の平均気温をもとに 25℃となったと考える説[10] があり、ドイツ等の諸外国で、その国の年平均温度を少し越える温度の湧出水を温泉の規定値としている事例があります。外気温の影響を受けたとしても、それ以上の温度を持っているということであれば、地下水を温める何らかの**熱源**が存在するだろうという考え方を、温泉の判断根拠にしているものと思われます。

日本の地下水の平均水温を 15℃前後と仮定すると、湧出時の泉温 25℃は、地下水の平均水温よりも約 10℃高い温度を持つということを意味します。約 10℃の加温には、確実に何らかの熱源が必要とします。つまり泉温 25℃以上の水が湧出するということは、何らかの熱源の存在という、相応の特殊性を伴うことから、温泉の規定値としては、一定程度妥当な規定値と言えるのではないか、と考えています。

「塩素イオン」と「塩化物イオン」、「ふっ素イオン」と「ふっ化物イオン」など、似ているけれど同じかどうかわからない項目があるのですが、これは同じものですか？

これらはいずれも同じものと考えて、差し支えありません。環境省が定める**鉱泉分析法指針**では、「ふっ素イオン」ではなく「**ふっ化物イオン**」、「塩素イオン」ではなく「**塩化物イオン**」との記載はありますが、かといって、「ふっ素イオン」や「塩素イオン」が間違いということはありません。

　これらと同じく、似ているけれど同じかどうかわからないものを、例に挙げておきましょう。

　「遊離二酸化炭素」と「遊離炭酸」は同じですし、「マンガン（Ⅱ）イオン」は「第一マンガンイオン」と同じです。「ひ酸水素イオン」と「ヒドロひ酸イオン」は同じ、「炭酸水素ナトリウム」と「重炭酸そうだ」は同じです。

　最も混同しやすいのは、鉄イオンでしょうか。「鉄（Ⅱ）イオン」は「第一鉄イオン」あるいは「フェロイオン」（Fe^{2+}）で、「鉄（Ⅲ）イオン」は「第二鉄イオン」あるいは「フェリイオン」（Fe^{3+}）です。ちなみに、この Fe^{2+} と Fe^{3+} を合算したものが「総鉄イオン」です。

　なお、鉱泉分析法指針では、原則的に、漢字で書き表すことのできる物質名はひらがなで、漢字で書き表すことのできない物質名はカタカナで、それぞれ表記されています。「ふっ化物イオン」（弗化物）、「よう化物イオン」（沃化物）、「メタほう酸」（硼酸）、「ひ酸水素イオン」（砒酸）などが、その一例です。

ラドンとラジウムは同じものですか？

　ラドンとラジウムは混合しやすいのですが、全く違うものです。**元素周期表**を見てみましょう。手元にない場合は、検索してみてください。**ラドン**（radon 元素記号：Rn）（→ p.36）と**ラジウム**（radium 元素記号：Ra）（→ p.37）は全く別のところに書かれていますよね。ということで、もちろんラドンとラジウムは異なる元素です。温泉法別表でも、ラドンには温泉水 1 kg 中 20 × 10^{-10} キュリー（5.5 マッヘ単位・74 ベクレル）以上、ラジウムは（正確には「**ラヂウム塩**」という表記ですが、同じものと考えてもほぼ差し支えありません）1 × 10^{-8} mg 以上という、それぞれの温泉の規定値が設定されています（→ p.13）。

　では、なぜラドンとラジウムは混同されやすいのでしょうか。それには二つの理由があるようです。

　一つ目の理由は、互いが**親核種**、**子孫核種**の関係にあるためです。ラジウム

10　甘露寺（2002）。これを**平均気温説**と呼びます。

もラドンも大部分が**ウラン系列**の**放射性核種**[11]で、ラジウムが放射壊変した後の子孫核種として、ラドンが生成されます。したがって、ラジウムが多い温泉は、ほぼ例外なくラドンも多いということになるので、この二つの濃度には高い相関関係があると言えます。

　二つ目の理由は、過去の人たちの、いわば勘違いによるというものです。その昔（マリ・キュリーがラジウムを発見して、まだ間もない、100年くらい前の話です）、ラドンは「**ラジウムエマナチオン**」（あるいは**ラヂウムエマナチオン** radium emanation）と呼ばれていました。**エマナチオン**とは放出、放射などという意味で、要するにラジウムから放出されるもの、というような意味です（ラドンは気体なので、ラジウムが**放射壊変**すると、実際にラドンはガスとして放出されるのです）。

　その頃から日本でもラドンが多い温泉のことを、**ラジウムエマナチオン温泉**と呼ばれていたのですが、いつの間にか、この**エマナチオン**の部分が省略されてしまって、単純にラジウム温泉と称されるようになってしまった、というのが経緯のようです。本当は省略してはいけないものを省略してしまった、いわば勘違いに起因するものが、広く知れ渡るようになってしまったようです。

　　ラドンを多く含む療養泉は、なぜ「放射能泉」という名前なのでしょうか？

　　ラドンを 30×10^{-10} Ci/kg（8.25 マッヘ単位・111 ベクレル）以上含む療養泉のことを、**放射能泉**と定義されています。

　ラドンは放射性物質で、ラドンの中でも最も天然での存在比が高い ^{222}Rn は**半減期** 3.8 日の**放射性物質**です。ラドンが**放射能**を有していることから、**放射能泉**という名称になったのでしょう。

　この名称は、古くから現在に至るまでずっと使い続けられているので、無理に変える必要もないとは思いますが、放射能という言葉に、若干の心理的な拒絶反応を起こす方もおられるようで、実際に**東日本大震災**によって放射性物質による汚染が報道されたとき、**風評被害**を受けた放射能泉の温泉地も少なくな

11　ラジウムの中でも天然で最も存在比の高い質量数226のラジウム（^{226}Ra）と、同じく存在比の高い質量数222のラドン（^{222}Rn）が、ウラン系列の放射性核種です。

かったようです。

　放射能泉を浴用利用したとき、放射能泉を飲用利用したとき、放射能泉が湧出する温泉地に滞在したとき、それぞれの線量評価を計算した研究結果が報告されていたりします。いずれも放射能の被ばくによる健康被害を心配するようなレベルではありません。安心して放射能泉を利用していただければと思います。

「よう素泉」が新たな泉質として加わったそうですが、どんな温泉ですか？

　そもそもよう素は、**よう化物イオン**（I⁻）として、温泉水 1 kg 中 1 mg 以上含まれると温泉になる、という温泉法別表に示された規定項目でした。平成 26 年の環境省通知の改訂に伴い、よう化物イオンは療養泉の規定項目にも追加され、温泉水 1 kg 中 10 mg 以上という規定値が定められました。

　こうして、新しい泉質として**含よう素泉**が誕生しました。含よう素泉には、飲用の**泉質別適応症**として、**高コレステロール血症**を掲示することができます。

　日本は世界有数のよう素生産国であり、特に千葉県周辺は、世界一のよう素産出地域です。まだ改訂からまだ日が浅く、我が国には**含よう素泉**はそれほど多くはありませんが、今後、これまでに知られていなかったよう素を多く含む地下水が発見され、各地でよう素により、温泉や療養泉の規定を満たす「温泉」が増えてくるかもしれません。

温泉浴槽水に水道水をなどで「水増し」することは、法的に問題はないのですか？

　温泉浴槽水に、水道水や、温泉水に該当しない地下水など、温泉水以外に水を入れることを**加水**と言います。白骨温泉の入浴剤添加に端を発した全国の**温泉偽装問題**が社会問題化したことを受けて、2005 年（平成 17 年）2 月 24 日に公布された温泉法改正で、**入浴剤**の添加などとともに、加水の有無およびそ

の理由を掲示することが義務づけられました。

　したがって、温泉浴槽水に、水道水や地下水を入れること、つまり加水自体は、そのことが掲示されていれば、温泉法上の問題はありません。一般には、加水しないことが善、というような風潮があるように感じられますが、**温度調節**や**衛生管理**の上で、加水をした方が適切な場合もあるでしょうし、そもそも加水が、限りある温泉資源の有効活用に貢献している側面もあります。

　ただ、現行の温泉法では、その**加水割合**についての規定は全くありません。つまり、極端なことを言えば、巨大な浴槽に目薬１滴の温泉水が入っていれば、**加水掲示**を行った上で、温泉と名乗ることができてしまう、ということになります。

　この加水割合の問題は、先の温泉偽装問題の頃から、法律上の課題として指摘されてきました。しかし、浴槽中の加水割合自体が常に一定しているわけではないなどの理由で、現状では法的な対応はなされていません。一部の業界団体や、先進的な温泉地の自主的取組として、「温泉水○割、水道水○割」など、加水割合の掲示に努めている施設は全国にあります。そのような自主的な取組が広がることは、非常に良い傾向と思います。

温泉地とは何ですか？ 温泉地の規模はどの程度のものを言うのでしょうか？

　我が国における伝統的な温泉の多くは、地域に単独で存在するものではなく、一定のエリア内に温泉や温泉施設がいくつも存在し、その周辺の**歴史**や**文化**、**食事**、**環境**などの**地域資源**を含め、地域が一体となって発展を遂げてきました。このような温泉およびその宿泊施設などの関連施設、地域資源が存在する地域一帯を総括して、**温泉地**と呼びます。

　2015年（平成27年）に**環境省**に**温泉地保護利用推進室**が新設されました。この名称に**温泉地**という言葉が使用されていることからも、温泉そのものだけでなく、その周辺の歴史、文化、食事等も含めた、さまざまな地域資源の利用を推進していこうとする姿勢が明確に打ち出されているものと考えられます。

　ただ、どこまでを一体としての温泉地と呼ぶのか、については、一律的な定義はありません。法的に温泉地の定義が明確に規定されているわけではありま

せんので、その定義は曖昧と言わざるを得ません。環境省の統計では、全国に2,934 の温泉地が存在するとされていますが（2021 年 3 月現在）、複数の市町村単位で一つの温泉地を形成する大規模な温泉地もあれば、ほぼ単独の温泉しか存在しないような温泉地もあり、その大小の規模の温泉地が混在しているのが実状です。

　ただ、温泉の区分けの方法や、温泉地としての一体性を果たして一律に規定できるのか、という問題はあります。温泉地の一体性は、例えば市町村などの行政単位や、それに含まれる町や字などに大小さまざまなものがあるのと同じで、その温泉の歴史的、文化的な発展の仕方や一体性がその温泉地の区分けの根拠となっていることが多く、その区分けを、一概に温泉地の面積だけで規定することは適切ではないだろうと考えられるからです。

　国民保養温泉地という、**温泉保養地医学**の視点からの温泉地単位による指定制度もあります。2022 年 10 月現在で、全国で 79 か所の温泉地が、温泉法に基づく**環境大臣**の指定を受けています。個別の温泉ではなく、地域が一体となった温泉地を単位として、その利用推進を図ることは、非常に効果的と考えられます。

この前、温泉に行ってきたよ。

どんな温泉に行ってきたの？

海が見える露天風呂でね。大絶景！
しかも温泉水が塩辛かった！

へえ。温泉を飲んだの？

飲んでみたよ。飲んでいいですよ、って
書いてあったから。

おいしかった？

おいしいわけではないね。効きそうって
感じかな。なんとなく。

　オンくんが飲んでみたその温泉水には、さまざまな化学成分が含まれて
います。

　温泉に含まれている化学成分はさまざま。二つとして同じ化学成分の温
泉はありません。

　その化学成分が作用して、その温泉独自の「入浴感」や「味」が作られ
ているわけです。

　ここでは、温泉の中に含まれている化学成分について、考えてみましょう。

温泉施設にいくとたいてい温泉分析書が貼ってありますが、あれはなぜ貼ってあるのでしょうか？

法律に掲示しなきゃダメ、って書いてあるからなんだけど、見方がわかるとおもしろいよ。

温泉施設にいくと脱衣所やフロントなど、誰もが見えるところに**温泉分析書**が掲示してあるのを誰もが目にしたことがあるでしょう。温泉分析書をしげしげと見ている人はあまり多くはないようですが、私は入浴前に温泉分析書を見ることを、楽しみの一つにしています。

まず、なぜ同じような書式の分析書が貼ってあるのか、という疑問がわくかもしれませんが、これは温泉の成分について施設に掲示することが法的に義務付けられているからです。**温泉法**と**温泉法施行規則**[12] の中で、温泉の成分を掲示する義務について規定されているのです。また、温泉分析書は10年毎に更新しなければならないことが、やはり温泉法と**温泉法施行令**[13] により規定されています（→ p.38）。

施設に掲示されている温泉分析書は、温泉法の規定により登録されている分析機関（**登録分析機関**）[14] で、環境省が定めた**鉱泉分析法指針**に準拠して分析された分析結果をもとに、作成されたものです。温泉分析書の書式も、同指針に分析書が例示されているため、この書式にならった温泉分析書は、だいたい同じような書式になることが多いというわけです。

温泉分析書には、たくさんの温泉成分と、その分析結果が書かれています。

温泉成分は、まず**主成分**としての**陽イオン**と**陰イオン**、イオン化しない成分である**非解離成分**、**溶存ガス成分**、**微量成分**の順に書かれています。陽イオンには、**ナトリウムイオン**（Na^+）、**カリウムイオン**（K^+）、**マグネシウムイオン**（Mg^{2+}）、**カルシウムイオン**（Ca^{2+}）など、陰イオンには、**ふっ化物イオン**（F^-）、**塩化物イオン**（Cl^-）、**炭酸水素イオン**（HCO_3^-）など、非解離成分には、**メタけい酸**（H_2SiO_3）、**メタほう酸**（HBO_2）などが記載されます。

主成分の濃度は、ミリグラム（mg）単位で表記され、その横に**ミリバル**（mval）、**ミリバル％**（mval%）という数値が書かれます。ミリバルは**化学当量**を示す数値で、それぞれの項目の濃度を、**原子量**あるいは**分子量**とその価数で割った数値が記載されます。

12　温泉法第18条第1項および温泉法施行規則第10条第1項・第2項に掲示に関する規定が書かれています。温泉成分についての記載は、温泉法施行規則第10条第1項第4号に規定されています。

13　温泉法第18条第3項および温泉法施行令第1条により規定されています。

14　温泉法第19条第1項に規定されています。

　ミリバルについて、説明します。温泉の主成分であるナトリウムイオンと塩化物イオンが一つずつ、プカプカと水中に浮いている状態を想像してみてください。それぞれのイオンの重さはかなり異なり、ナトリウムイオンの原子量が22.98977、塩化物イオンの原子量が35.453なので、一つのイオンに着目してみると、塩化物イオンはナトリウムイオンの約1.5倍の重さがあるわけです。

　このため、例えば、ナトリウムイオンと塩化物イオンが、**塩化ナトリウム**になることを考えるとき、ナトリウムイオンの重さに対して、塩化物イオンはその約1.5倍の重さがないと1対1に対応しない、ということになってしまいます。しかし、化学当量であるミリバルでは、すでにそれぞれの原子量で割っていますので、ナトリウムイオン1ミリバルと、塩化物イオン1ミリバルは、等しく1対1で対応すると考えることができるわけです。

　以上の考え方は、他のイオン成分でも同様に考えられるため、温泉分析書の陽イオンと陰イオンのミリバルの総和は、およそ同じくらいの数値になるはずです[15]。

　温泉分析書に書かれている**主成分**とは、原則的に温泉水中に 0.1 mg/kg 以上含まれている成分を指しています。対して、0.1 mg/kg 未満の成分を**微量成分**といい、**総水銀**や**総ひ素**など、温泉の飲用制限に係る項目や、微量であっても人体に影響の大きい項目を中心に、その分析結果が書かれています。

温泉分析書の例

温 泉 分 析 書

1．申請者
住所又は主たる事務所の所在地　○○県○○市○○町○○番地
氏名又は名称及び法人にあってはその代表者の氏名　温泉太郎

2．源泉名及び採水地
源泉名　　○○温泉○号泉
ゆう出地　○○県○○市○○町○○番地湧出　源泉にて採水

3．ゆう出地における調査及び試験成績
(イ) 調査及び試験者　　○○衛生研究所　湯本よしみ
(ロ) 調査及び試験年月日　　令和5年3月5日
(ハ) 泉温　　58.2℃ (調査時における気温 17.0℃)
(ニ) ゆう出量　　210 L/min.（掘削 動力揚湯）
(ホ) 知覚的試験　　ほとんど無色透明、強塩味で硫化水素臭を有する。ガス発泡。ガス発生あり。
(ヘ) pH値　　7.6
(ト) 電気伝導率　　1.85 S/m (25℃)
(チ) ラドン (Rn)含有量 7.4 Bq/kg (2.0×10⁻¹⁰ Ci/kg：0.55 マッヘ単位)
　　　　　　　　（液体シンチレーションカウンタによる定量）

4．試験室における試験成績
(イ) 試験者　　○○衛生研究所　湯本よしみ
(ロ) 分析終了年月日　　令和5年3月22日
(ハ) 知覚的試験　淡黄褐色澄明であり、強塩味でより素臭を有する（試料採取後 24時間）。
(ニ) 密度　　1.007 g/cm³ (20℃/4℃)
(ホ) pH値　　6.57
(ヘ) 蒸発残留物　12.28 g/kg (180℃)

5．試料1kg中の成分、分量および組成
(イ) 陽イオン

成　分	ミリグラム(mg)	ミリバル(m val)	ミリバル%(m val%)
ナトリウムイオン (Na⁺)	3692	160.6	71.82
カリウムイオン (K⁺)	201.5	5.15	2.30
マグネシウムイオン (Mg²⁺)	62.7	5.16	2.31
カルシウムイオン (Ca²⁺)	1056	52.69	23.56
鉄 (II) イオン (フェロイオン) (Fe²⁺)	0.7	0.03	0.01
陽イオン　計	5013	223.6	100.

(ロ) 陰イオン

成　分	ミリグラム(mg)	ミリバル(m val)	ミリバル%(m val%)
ふっ化物イオン (F⁻)	1.9	0.10	0.05
塩化物イオン (Cl⁻)	7634	215.3	98.99
臭化物イオン (Br⁻)	8.4	0.11	0.05
よう化物イオン (I⁻)	8.8	0.07	0.03
硫化水素イオン (HS⁻)	7.7	0.23	0.11
硫酸イオン (SO₄²⁻)	18.0	0.37	0.17
炭酸水素イオン (HCO₃⁻)	80.1	1.31	0.60
炭酸イオン (CO₃²⁻)	0.2	0.01	0.00
陰イオン　計	7759	217.5	100.

(ハ) 遊離成分
非解離成分

成　分	ミリグラム(mg)	ミリモル (m mol)
メタけい酸 (H₂SiO₃)	72.3	0.93
メタほう酸 (HBO₂)	67.0	1.53
非解離成分　計	139.3	2.46

溶存物質（ガス性のものを除く）：12.91 g/kg

溶存ガス成分

成　分	ミリグラム(mg)	ミリモル (m mol)
遊離二酸化炭素 (遊離炭酸) (CO₂)	4.8	0.11
遊離硫化水素 (H₂S)	2.2	0.06
非解離成分　計	7.0	0.17

成　分　総　計：　12.92 g/kg

(ニ) その他微量成分 (mg/kg)

成　分	ミリグラム(mg)	成　分	ミリグラム(mg)	成　分	ミリグラム(mg)
総ひ素	0.02	鉛	<0.05	亜鉛	<0.01
銅	<0.05	総水銀	<0.0005		

6．泉質
含硫黄－ナトリウム・カルシウム－塩化物温泉（高張性弱アルカリ性高温泉）

令和5年3月26日

登録番号　○○第○号
○○県○○市○○町○○番地

○○衛生研究所　所長　　湯本一郎

15　鉱泉分析法指針では、陽イオンと陰イオンのミリバルのずれを示す評価値が、5％以内であることが規定されています。

温泉分析書の中で、
見るべきポイントについて教えてください。

泉温、pH、泉質、溶存物質の4点かな。

　温泉分析書は、ほぼ書式が統一されているので、ポイントさえ押さえれば、温泉の特徴や概要が、一目で把握できるようになります。ここでは、温泉分析書のポイントをお教えしておきます。① **泉温**、② **pH**、③ **泉質**、④ **溶存物質**の4点です。

　まず1点目の**泉温**は、その温泉が地上に湧出したすぐの場所で測定した、温度のことを指します。温泉法では、泉温25℃以上で温泉の規定を満たすことが定められていますので、まずは泉温が25℃以上なのか、25℃未満なのかを確認してみると良いでしょう。泉温25℃以上の場合は、その温泉井戸の地下に、火山性マグマや地温勾配など、何らかの熱源があることが推測されます。

　2点目は**pH**です。そもそもpHは、**水素イオン濃度**のことです[16]。温泉分析書にはpHが二つ書いてあります。一つは湧出地で測定した結果、もう一つは試験室に持ち帰ってから測定した結果です。

　温泉水の化学的性質によっては、地表に湧出してからすぐのpHと、試験室に持ち帰ったときのpHがやや異なる場合があります。その理由は、温泉水に含まれている**溶存ガス成分**が散逸したり、あるいは温泉水に溶存する**金属成分**が**水酸化物**として沈殿したりする可能性があるためです。温泉を分類する際は、湧出時のpHによって分類することと規定されています。なお、pHの**酸性**が強い場合は、ピリピリした強刺激の入浴感に、**アルカリ性**が強い場合は、ヌルヌルしたやわらかな肌触りの入浴感になります。

　3点目は**泉質**です。泉質は大きく分けると、単純温泉、塩化物泉など10種類に区分され、この泉質をもとに、温泉の**適応症**や**禁忌症**が決まります。泉質を見ることは、手早く温泉の化学的特徴をつかむことに適しています。

　最後に、**溶存物質**です。「溶存物質（ガス性のものを除く）」という項目では、その温泉水に溶け込んでいる主成分、すなわち陽イオン、陰イオン、非解離成分の濃度の総和が記載されることになっています。

　一般の地下水に比べると、温泉水の溶存物質は、とても多いことが一般的です。一例として、溶存物質が比較的少ない温泉に付けられる泉質、**単純温泉**には、溶存物質が1,000 mg/kg未満という条件がありますが、ここでは、その単純温泉と**入浴剤**

16　水素イオン濃度を示すpHのHは、そもそも水素の元素記号を示しています。このためHは大文字です。

を入れた家庭用浴槽水を比較してみましょう。

　一般的な袋タイプの**入浴剤**として、およそ20 gの粉末を、家庭用の浴槽1杯分（容量を200 Lと仮定します）に入れることを想定します。この場合、入浴剤濃度は20 g/200 Lですので、水1 kg（1 L = 1 kgと考えます）におよそ100 mgの溶存物質にしかなりません。先ほどの単純温泉の上限値、溶存物質1,000 mg/kgと比べても、入浴剤を入れたところでなんと単純温泉の境界値の1/10の溶存物質にしかならないのです。

　溶存物質が最も少ない泉質である単純温泉ですら、このレベルですので、溶存物質が多い**塩類泉**では言わずもがな、ということになります。例えば、高塩の塩類泉として全国的に有名な**有馬温泉**は、およそ45 g/kg（45,000 mg/kg）の溶存物質を有していますので、この溶存物質を家庭の同じ容量のお風呂で再現しようとすると、なんと約9 kg分の入浴剤の粉末が必要になるという計算になります。

　有馬温泉は極端に溶存物質が多い温泉ですし、実際には、入浴剤を入れる水道水にも、多少の溶存物質は含まれていますので、単純に計算通りの比較はできないかもしれません。ただ、温泉の溶存物質がいかに多いかということについては、イメージとしてつかんでもらえるのではないか、と思います。

　普段は素通りしてしまうかもしれない温泉分析書ですが、実はこのようにその温泉の特徴を、いろいろと示してくれています。今度、温泉施設に行くときには、ぜひ温泉分析書を物知り顔で眺めてみてください。

ステップアップ Q & A

温泉分析書は、どこで採取した温泉水の分析結果なのですか？ 浴槽ですか？ 湧出口ですか？

鉱泉分析法指針では、「利用場所で採取する」ことと規定されていますが、「湧出口と利用施設間の成分の差異」がない場合は、湧出口で採水しても良いということも併せて記載されており、この規定に基づいて、多くの分析機関は、源泉の**湧出口**で採水した温泉水を分析に供しています。

「湧出口と利用施設間の成分の差異」がある場合として、**除鉄・除マンガン処理**（温泉水中に含まれる**鉄**や**マンガン**は沈殿しやすいので、配管内で**スケール**、すなわちミネラル分の結晶を形成する可能性が高いことから、これらの成分を予め除去すること）が例示されています。このため、除鉄・除マンガン処理を行っている場合に限っては、湧出口ではなく、その除鉄・除マンガン処理後に採取した検水が分析に供されます。

複数の温泉水を混ぜて温泉を利用している混合泉の場合、どのように分析しているのですか？

複数の温泉水を混ぜている温泉を**混合泉**といいます。鉱泉分析法指針では、原則として「混合される前の各温泉」と「混合された後の温泉（混合泉）」のそれぞれの分析を行うことが望ましいとされています。

ただ、混合がどこで行われるか、混合率が一定か、など、それぞれの混合泉の状況によって、何をもって妥当とするかは変わります。それぞれの状況で、最も適切な方法を個別に判断する必要があります。

温泉分析書の単位はなぜ「mg/L」でなく、
「mg/kg」なのでしょうか？

　環境水の濃度単位は「mg/L」で表示されることが多い
のですが、温泉分析書では「mg/kg」が使用されています。
温泉水の化学的性質はさまざまですので、例えば、塩類泉
など塩分濃度が多い温泉では1Lが1kgよりも重くなり、
逆に**ガス**が多い温泉では、1Lが1kgよりも軽くなるような場合もあります。

　このため、温泉水は「1L=1kg」とならないことが多いため、温泉水1kg
中の溶存物質を記載する方法で統一されています。

温泉分析書で、一部の濃度の高い分析項目で、有効
数字の桁数が異常に多いのを見たことがあります。
これはなぜでしょうか？

　分析項目や分析方法にもよりますが、一般的な環境水の
分析結果では、せいぜい**有効数字**は2～3桁が一般的だろ
うと思われます。ただ、**温泉分析書**では、濃度が高い分析
項目では4桁表示されているものもあります。分析技術に
知識のある方の中には、現在の機器分析で4桁の有効性を担保できるほど高精
度な分析はなかなか難しいのでは、と疑問を持たれる方もおられるのではない
でしょうか。

　温泉分析書では、溶存物質として、陽イオンと陰イオン、非解離成分の濃度
の総和を記述する欄があります。したがって、陽イオンの分析値の合計と陰イ
オンの合計をそれぞれ表示する必要があるのですが、小数第一位までの分析値
が出ている分析項目と、数千mg/kgの分析値が出ている分析項目の和を算出
しなければならなくなります。

　この計算を行うためには、整数あるいは小数第一位までの数値を出す必要が
生じるため、やむを得ず4桁表示とする必要がある、ということが実質的な理
由です。このため、少なくとも、4桁表示されている分析項目についても、そ
の分析項目の分析精度が高いから、というわけではありません。4桁表示にお

ける小数第一位などの数字は、ほぼ分析精度上の意味はないと考えても良いでしょう。

温泉分析書の分析は、どんな分析機関でもできるのですか？

温泉法第 19 条第 1 項に基づき登録された**登録分析機関**でないと分析できません。

温泉法の登録分析機関は、都道府県に対して申請し、都道府県が登録します。環境省がその全国の情報を集約して、定期的に web サイトで公開していますので、こちらを参考にすると良いでしょう。2022 年 12 月時点では全国に 168 機関が登録されています。分析費用についても、各機関でまちまちです。

なお、県外で登録された分析機関が、県外の温泉の分析を依頼すること（例えば、愛知県で登録を受けた分析機関が、三重県の温泉を分析すること）も可能です。

含鉄泉はなぜ色がついているのですか？

含鉄泉は、**総鉄イオン**が合計で 20 mg/kg 以上含む温泉のことを指します。兵庫県の有馬温泉の**金泉**は、大量の鉄イオンを含む**含鉄泉**として有名です。浴槽水もかなり色がついていますが、金色といわれれば確かに金色に見えるような気もします。ちなみに**別府温泉**には**血の池地獄**という景勝用の温泉がありますが、これも含鉄泉です。見ているものは同じ鉄ですが、こちらは血の池ということで、赤褐色と認識されているようです。

これらの色は、温泉水に含まれる**鉄イオン**（Fe^{2+} や Fe^{3+}）が空気中の酸素と結合して、**酸化鉄**として沈殿したことに起因します。化学式でいうと、FeO や Fe_2O_3 で、いわゆる鉄さびと同じ物質です。

ちなみに、**含鉄泉**は、地表湧出する前、あるいは湧出直後は、ほとんど無色

で澄明です。これは地中には、温泉水中の鉄はイオンとして、温泉水中に溶存して存在するためです。地表に湧出した瞬間から、空気中の**酸素**と反応し、**酸化**が始まるので、地表に湧出してからしばらくすると着色してきます。

含鉄泉の分析を行う際、検体採取から 3 日間くらい経過した後に、採取時には透明だった温泉水がいつの間にか金色になっていることがあります。分析者でも、この色の変化にはとても驚かされます。

以前は温泉の規定値を満たしていたが、再分析をしたら規定値を満たさなかった、といった場合、どうなるのでしょうか？

これがいわゆる典型的な温泉の**枯渇現象**です（→ p.98）。一例を挙げると、例えば「**ふっ化物イオン** 2 mg/kg」という温泉の規定項目と規定値があります。過去の分析でふっ化物イオンが 2.5 mg/kg だったとして、それ以外の規定項目は規定値を満たしていなかった、という場合があるとします。再分析をしてみたら、ふっ化物イオンが 1.8 mg/kg まで下がっていた、さらに、ふっ化物イオン以外の規定項目は、以前と変わらず規定値を満たしていない、という場合、その地下水は「温泉ではなくなり、一般の地下水（**常水**）となった」と解釈されることになります。

ただ、温泉はいわば自然のものですので、たった 1 回の分析結果で温泉かそうでないかを確定できるほど、簡単ではありません。こうした枯渇現象と疑われる濃度変化が生じた場合は、今後の利用に関する意向があれば、通常、「常態として温度又は成分を有するかどうかの調査の方法」[17] により、調査を実施するかどうかを判断することになります。この調査では、1 年以内の範囲で行われ、概ね均等な間隔ごと（例えば春夏秋冬など）で分析を行います。これらの分析のうち、半数以上の分析結果が、温泉法の別表の規定を満足するものかどうかを確認し、条件を満たしていれば温泉法上の温泉として引き続き取り扱う、というものです。

ただし、温泉法の別表を満足するものが半数未満であった場合は、「常態と

17　平成 19 年 10 月 1 日付け環自総発第 071001001 号 環境省自然環境局長通知。

して温泉ではない」と判断されることとなります。もしこの判断になった場合は、温泉法の対象外となり、いわゆる一般的な地下水、井戸水と同様に取り扱われます。当然ながら、以後、「温泉」と掲示することはできなくなります。

このような温泉の枯渇事例は全国的に後を絶ちません。そうなる前に、**温泉モニタリング**などで、枯渇現象や濃度変化の予兆を捉え、**揚湯量**を減らすなど、枯渇の予防的な対策を講じていく（→ p.95）ことが、温泉井戸を持続的に利用可能なものとする方法の一つです。

温泉中のラドンには、どのような化学的性質がありますか？

ラドンは、**元素周期表**で言うと一番右側の列、**ヘリウム**や**アルゴン**などの列の下の方にあります。この列は、**希ガス**あるいは**不活性ガス**と呼ばれ、他の化学成分と反応しにくい、などの性質を持ちます。

ラドン（^{222}Rn）は、**半減期**が 3.8 日の**放射性物質**です。例えば温泉水中にラドンが 100 Bq/kg 含まれていたとしても、3.8 日後には 50 Bq/kg に、7.6 日後には 25 Bq/kg と、何もしなくてもラドンは**放射壊変**によって、どんどん濃度は減少していきます。

さらに、地表に湧出したラドンを含む温泉水をそのままにしておくと、タンクの中でも、配管の中でも、浴槽の中でも、どんどんラドンが気体になって空気中に散逸していきます。源泉から湧出した温泉水中のラドン濃度と、浴槽水中のラドン濃度を比較すると、配管を通って配湯しただけで、たった5％ほどしか残存していなかった（残りの95％は放射壊変、または空気中に散逸した）、という調査事例まで報告されているほどです。

ラドン濃度が高い療養泉（**放射能泉**）は、特に**高尿酸血症（痛風）、関節リウマチ、強直性脊椎炎**などに適応があるとされています。このようなラドンへの有用な人体作用を最大限とするために、ラドンの気化しやすい化学的性質を利用して、**ラドン熱気浴**（サウナ）などが作られていたりします。

温泉中のラジウムには、どのような化学的性質があ
りますか？

　ラジウムは、ラドンの元となる成分です。ラジウムが**放
射壊変**した後の過程において、ラドンが生成されます。
　ラジウムは、ラジウムは元素周期表でいうところの左か
ら二番目の列に位置し、同じ列にあるカルシウムやマグネ
シウムなどと同じ**アルカリ土類金属**に分類されます。このため、本来、岩石中
にカルシウムやマグネシウムが入り込む箇所にラジウムが置換されていること
があります。このため、カルシウムを多く含む**花崗岩**などの**酸性岩**では、ラジ
ウム濃度も高くなることがあります。
　ラジウムは、分析に長時間を必要とするだけでなく、かつ特殊な分析技術を
要することから、全国でもわずかな分析機関しか分析を行っていないのが実状
です。その理由としては、分析の困難性もありますが、その他にも、**親核種**と
子孫核種の関係にあるラドン濃度とラジウム濃度には高い相関関係があり、ラ
ジウム分析をしなくてもラドン分析をすることによって温泉に該当するかどう
かの判断は十分可能、と考える機関が多いという面もあるかと思われます。

温泉に入ったらお肌がヌルヌルしました。
これはなぜですか？

　温泉成分によって、肌の古い**角質**や汚れが溶けている
からです。**炭酸水素イオン**が多く pH 8 後半よりも高いア
ルカリ性で、かつ、水の硬度（マグネシウムイオンやカ
ルシウムイオン）が少ない温泉水は特に、やわらかい入
浴感に加え、ヌルヌルする肌触りが得られることが知られています。
　このことから、例えば三重県津市の **榊原温泉**など、肌ざわりの良いやわら
かいアルカリ性の温泉は、**美肌の湯**や**美人の湯**などと呼ばれています。

温泉が白や茶色や黒に濁るのは、なぜですか？

温泉の発色のメカニズムはさまざまですが、基本的には、温泉に含まれる金属成分の酸化と沈殿や有機物により発色します。例えば、白は**カルシウムイオン**や**メタけい酸**、茶色は**鉄イオン**、黒は**腐葉土**、青は**銅イオン**、有機物（**フミン質**）や**マンガンイオン**などが関与していることが、可能性として考えられます。

温泉水中の**コロイド粒子**により色が変化したり、**レイリー散乱**や**ミー散乱**によって、色の見え方が変わったりするなど、温泉水の発色および見え方のメカニズムはかなり複雑です。

温泉分析書の有効期限が 10 年に 1 回と定められているとのことですが、いつの時点を起点とするのですか？

温泉法第 18 条第 3 項には「温泉を公共の浴用又は飲用に供する者は、政令で定める期間ごとに前項の温泉成分分析を受け…（以下略）」と書かれており、温泉法施行令第 1 条では「温泉法第 18 条第 3 項の政令で定める期間は、前回の**温泉成分分析**を受けた日から 10 年以内とする」と規定されています（→ p.28）。

この条文中の「前回の温泉成分分析を受けた日」をいつと考えるかということがポイントになるわけですが、平成 19 年度の温泉法改正の際に配付された環境省作成のパンフレットでは、温泉分析書内の「試験室における試験成績」の「分析終了年月日」を起点とすることが明記されています。

おそらくこれが、全国的に最も普及している考え方ではないか思われます。温泉成分分析には、採水から 1 ～ 2 か月要する場合もありますので、余裕をもって登録分析機関に対して分析依頼をされることをお勧めします。

温泉分析書を作成する温泉成分分析には、通常どれくらいの時間がかかるものでしょうか？

標準的には、その分析だけに集中して取り組めたとしても、1週間はかかるでしょう。また、項目によっては、分析工程そのものが30日間かかる項目もあります。急ぎの場合でも、せめて1か月くらいの余裕を見てほしい、というのが分析者の本音でしょう。

Section 3

温泉に行ったら健康に なれますか？

この前、温泉に行ってきたら、
おもしろい人に会ったよ。

どんな人？

なんかね、温泉に2週間くらい長期滞在してるん
だ、って言ってたよ。湯治っていうんだって。

へえ。そんなに長く温泉に行ける人もいるのね。

毎日温泉に入ってのんびりするのも、
なんか楽しそうだよね。

　オンくんは温泉場で、湯治のお客さんと会ったようですね。

　湯治は、日本古来の温泉の利用方法の一つで、温泉地に長期宿泊して、
毎日何度も温泉に入浴し、病気を治したり、疲労を回復したりすることを
目的としたものです。

　現代のライフスタイルでは、温泉地でなかなか長期宿泊をすることは難
しくなってしまいましたが、それでもやはり「温泉」と「健康」は密接な
関係にあるといえます。

　ここでは、温泉利用による健康増進の仕組みや活用、温泉入浴に伴う人
体への作用について、学んでいきましょう。

温泉入浴には、
体に良い効果があるのでしょうか？

全ての療養泉に共通する一般的適応症が定められている。これらの多くは、療養泉の温熱効果によるもの。

　古くから我が国には**湯治文化**がありました。難治性の疾患や傷を負った人たちが、温泉地に行き、そこで2〜3週間という長い滞在の中で1日に何度も温泉に入り、疾患や傷の治癒にあてたのです。

　一般庶民の間で、湯治文化が急速に広がったのは江戸時代からといわれています。当時は、全国各地に関所がたくさん置かれ、なかなか自由に旅行に行けなかった時代でした。その中で、比較的簡単に、関所の往来を許された理由の一つが、病気の治療、つまり**湯治**だったそうです。このことから、必ずしも喫緊に差し迫った病態ではない人たちも含めて、関所の往来の理由に湯治が使われることとなりました。その結果、一般庶民の間に湯治と称した温泉旅行が広がったのです。

　現代人の我々も、癒しやリラックスを求め、時には疾患の治癒を含めた、いわば心身の**医治効能**を求めて、温泉地に旅行しています。この温泉旅行への目的は、昔の人々と我々も、その本質的な部分ではあまり変わっていない気がします。

　では現代の温泉入浴には、どのような医治効能が認められているのでしょうか。

　温泉入浴に伴う医治効能は、基本的には環境省の通知文書[18]に基づいて決定されています。この通知文書は、**日本温泉気候物理医学会**という**温泉療法医・温泉療法専門医**や温泉医学の研究者が会員となっている全国規模の学会が主体となって、その原案が検討されました。原案の作成には、過去に報告されてきた膨大な国内外の研究論文が収集され、それらが通知文書の記載の根拠となっています。

　では、温泉の浴用の適応症について説明していきましょう。適応症には、療養泉であれば泉質を問わずに共通する**一般的適応症**と、各泉質に応じた**泉質別適応症**があります。

　まず、**一般的適応症**には、温熱を加えることによって軽減する**筋肉痛**や**関節痛**の改善、血管拡張効果に伴う**高コレステロール血症**などの改善、副交感神経優位の作用に基づく**自律神経不安定症**や**睡眠障害**の改善、またこれらが総合的に機能する**健康増進**など、基本的に療養泉の持つ**温熱効果**に期待したものが列記されています。

18　平成26年7月1日付け環自総発第1407012号環境省自然環境局長通知。

療養泉の一般的適応症（浴用）

筋肉若しくは関節の慢性的な痛み又はこわばり（関節リウマチ、変形性関節症、腰痛症、神経痛、五十肩、打撲、捻挫などの慢性期）、運動麻痺における筋肉のこわばり、冷え性、末梢循環障害、胃腸機能の低下（胃がもたれる、腸にガスがたまるなど）、軽症高血圧、耐糖能異常（糖尿病）、軽い高コレステロール血症、軽い喘息又は肺気腫、痔の痛み、自律神経不安定症、ストレスによる諸症状（睡眠障害、うつ状態など）、病後回復期、疲労回復、健康増進

　温熱効果だけであれば、わざわざ療養泉でなくても、一般の家庭用の水道水の**沸かし風呂**でも、その効果はあるのでは？ と考えられるかもしれません。その指摘は、ある意味ではまさにそのとおりで、沸かし風呂につかっても一定程度の**温熱効果**が得られることは確かです。

　ところが、温泉と沸かし風呂には、その温熱効果の程度と**持続性**に大きな差があります。温泉、特に溶存物質の多い**塩類泉**（特に**塩化物泉**[19]など）の入浴では、その**体温上昇**と出浴後の**保温効果**が、沸かし湯に比べて、いずれも有意差を持って顕著となることが報告されています[20]。

　したがって、温熱効果に伴う良好な人体作用が、沸かし湯の入浴によっても起こり得るが、療養泉の浴用でさらにその効果が高くなる、と解釈できます。誰でも、温泉に入浴した後、そのまま体がポカポカしている状態が長く続く経験をしたことがあるのではないでしょうか。あのポカポカした状態が、温泉入浴の大きな効用となっているのです。

19　塩化物泉は、入浴中の体温上昇効果、出浴後の保温効果が促進されることから、一般に**熱の湯**と呼ばれます。
20　前田（2021）。

泉質によって、入浴による作用に違いはあるのでしょうか？

各泉質の特徴から、泉質別適応症が定められている。泉質別適応症の多くは、人体に対する化学的作用。

　温泉浴用による適応症には、全ての療養泉に共通する一般的適応症に加えて、各泉質に応じた**泉質別適応症**があります。ここでは、泉質別適応症について、説明していきましょう。

　泉質別適応症も環境省通知[21]に基づいて、泉質ごとに定められています。

泉質別適応症（浴用）

掲示用泉質	泉質別適応症（浴用）
単純温泉	自律神経不安定症、不眠症、うつ状態
塩化物泉	きりきず、末梢循環障害、冷え性、うつ状態、皮膚乾燥症
炭酸水素塩泉	きりきず、末梢循環障害、冷え性、皮膚乾燥症
硫酸塩泉	（塩化物泉に同じ）
二酸化炭素泉	きりきず、末梢循環障害、冷え性、自律神経不安定症
含鉄泉	―
酸性泉	アトピー性皮膚炎、尋常性乾癬、耐糖能異常（糖尿病）、表皮化膿症
含よう素泉	―
硫黄泉	アトピー性皮膚炎、尋常性乾癬、慢性湿疹、表皮化膿症（硫化水素型については、末梢循環障害を加える）
放射能泉	高尿酸血症（痛風）、関節リウマチ、強直性脊椎炎など
上記のうち二つ以上に該当する場合	該当するすべての適応症

　泉質別適応症の多くは、それぞれの泉質が持つ化学的作用に期待されるものです。

　二酸化炭素泉を例に挙げます。二酸化炭素泉に含まれる高濃度の二酸化炭素には、そもそも二酸化炭素そのものの化学的作用としての**血管拡張作用**があり、そのために**血流改善効果**が期待できます。二酸化炭素泉に入浴した手足が、血流改善によって紅潮した経験がある方もおられるのではないかと思います。この血流改善によって**きりきず、末梢循環障害、冷え性**などの改善が期待されることから、これらが二酸化炭素泉の適応症として定められています。

　また、**単純温泉**にも泉質別適応症が定められています。単純温泉は、溶存物質が少ないため、そもそも化学的特徴はないのではないか、と考えられるかもしれませんが、

21　平成 26 年 7 月 1 日付け環自総発第 1407012 号環境省自然環境局長通知。

逆にいえば、過度な刺激が少ないという利点になります。それがゆえに、温泉地に長期滞在し、繰り返し温泉に入浴しても**湯あたり**を起こしにくいなど、温泉の継続的、長期的利用、すなわち**湯治**に適した泉質ということもできます。このため、他のさまざまな刺激の強い泉質と比べて、より高い心理的な**安静効果**が認められています。

　近年の社会的ニーズを背景に、単純温泉による心理的な安静効果が積極的に認められ、その結果、**自律神経不安定症**、**不眠症**、**うつ状態**が泉質別適応症として定められました。単純温泉の療養効果、特に心理的な安静効果が認められたことは、非常に画期的なことといえます。

　なお、同通知では、これらの適応症について、さまざまな留意点を注記しています。

温泉療養の留意点

① 温泉療養の効用は、温泉の含有成分などの化学的因子、温熱その他の物理的因子、温泉地の地勢及び気候、利用者の生活リズムの変化その他諸般によって起こる総合作用による心理反応などを含む生体反応であること。

② 温泉療養は、特定の病気を治癒させるよりも、療養を行う人の持つ症状、苦痛を軽減し、健康の回復、増進を図ることで全体的改善効用を得ることを目的とすること。

③ 温泉療養は短期間でも精神的なリフレッシュなど相応の効用が得られるが、十分な効用を得るためには通常 2 〜 3 週間の療養期間を適当とすること。

④ 適応症でも、その病期又は療養を行う人の状態によっては悪化する場合があるので、温泉療養は専門的知識を有する医師による薬物、運動と休養、睡眠、食事などを含む指示、指導のもとに行うことが望ましいこと。

⑤ 従来より、適応症については、その効用は総合作用による心理反応などを含む生体反応によるもので、温泉の成分のみによって各温泉の効用を確定することは困難であること等から、その掲示の内容については引き続き知事の判断に委ねることとしていること。

　この留意点の極めて重要な点は、そもそも**温泉療養**の効用は、温泉地が持つさまざまな因子による総合作用[22]であって、特定の病気を治癒させることよりも、全体的な改善効用を得ることを目的とするべき、という点です。また、温泉療養は専門的知識を有する医師による指示、指導のもとに行うことが望ましいと強調されています。

　日本温泉気候物理医学会には、温泉療法に関する専門的知識を持つ**温泉療法医**、**温泉療法専門医**が多数所属しており、学会の web サイトでそのリストを公開しています。本格的な温泉療養の際には、そのような専門家の指導や意見を聞きながら行うことをお勧めします。

　こういう適応症をみていると、「へえ、この温泉は冷え性にいいんだな」とか、「この温泉は不眠症って書いてあるから、今日はぐっすり眠れそうだな」とか、いろいろ考えながら温泉入浴をすることで、温泉に入る楽しさが倍増するかもしれません。

22　この作用のことを、**総合的生体調整作用**と呼びます。

禁忌症とはどういう意味なんでしょうか？

禁忌症は、たった1回の入浴でも、何らかの有害事象につながる可能性がある病気・病態のこと。

　これまでに、温泉に入ることによって得られる作用の中でも、人体に対して良好な効用と捉えられる適応症について、説明をしてきました。

　しかし温泉入浴は、そもそも**温熱刺激**そのものであり、生理学的に見れば、かなり強い**物理刺激**であるともいえます。このため、入浴の仕方を間違えると、人体に対し、何らかの有害な作用をもたらされる可能性は否定できません。温泉利用により、**有害事象**を生ずる危険性がある病気・病態のことを総称して**禁忌症**と呼んでいます。

　禁忌症もまた、**適応症**と同一の環境省の通知文書[23] に定められています。浴用の禁忌症には、どの温泉でも禁忌となり得る**一般的禁忌症**、温泉の泉質によって禁忌となり得る**泉質別禁忌症**に分けられます。

　まずは**一般的禁忌症**から見ていきましょう。禁忌症は「温泉の一般的禁忌症」と記載されていることから、療養泉に該当しない温泉でも、温泉であれば全て、この一般的禁忌症が適用されるものと解釈できます。

温泉の一般的禁忌症（浴用）

病気の活動期（特に熱のあるとき）、活動性の結核、進行した悪性腫瘍又は高度の貧血など身体衰弱の著しい場合、少し動くと息苦しくなるような重い心臓又は肺の病気、むくみのあるような重い腎臓の病気、消化管出血、目に見える出血があるとき、慢性の病気の急性憎悪期

　平成26年に同通知が改正された際、報道で最も取り上げられたのが、この一般的禁忌症の改正でした。従前の1982年（昭和57年）に定められた従前の禁忌症には、ここに**妊娠中（初期と末期）**という記載がなされていました。

　しかし実際には、温泉浴用の禁忌症を妊娠中と記載する科学的根拠が不明瞭でした。過去の文献から、ある地方では出産の**分娩誘発**のために、妊婦に43〜45℃というような過度な**高温浴**をする風習が残っており、その非科学的な風習を止めさせるためという説や、また、温泉成分によっては浴室の床が滑りやすい場所もある中で、妊婦は足元が見えにくいためというような説などが、その根拠となっている可能性が考えられましたが、いずれも妊娠中を禁忌とするほどの十分な科学的根拠があるものとは言

23　平成26年7月1日付け環自総発第1407012号環境省自然環境局長通知。

えませんでした。さらに、少なくとも妊娠中の温泉入浴によって**切迫早産**などの有害事象の発生件数が有意に増加するといったような研究報告事例が見当たらないことから、この記載は削除されたというわけです。

　ただし、温泉入浴中の**転倒**、長湯による**湯のぼせ**などは、妊娠中に限らず発生するものです。それが妊娠中に起こった場合には、非常に大きな問題になることは確かですので、いくら禁忌症から妊娠中の記載がなくなったといっても、妊婦の方が温泉入浴する場合は、なるべく用心されることをお勧めします。

　また、ほかにもさまざまな改訂箇所があります。同じく、従前の禁忌症の中には、一般には「がん」と呼ばれる**悪性腫瘍**の記載がありました。当時から社会環境の変化や医学の進歩を経て、現在は悪性腫瘍を罹患（りかん）しても、術後や抗腫瘍療法によって病態が落ち着く場合が多々あり、通常に生活をしている方々が数多くいます。そのような悪性腫瘍の患者に対する時代の変化に対応して、一括りに悪性腫瘍を禁忌とするのではなく、病状の進行度合いや、身体衰弱の著しい場合に限って禁忌とする方向に改訂されました。

　続いて、**泉質別禁忌症**についてですが、**酸性泉**と**硫黄泉**についてのみ定められています。

泉質別禁忌症（浴用）

掲示用泉質	泉質別禁忌症（浴用）
酸性泉	皮膚又は粘膜の過敏な人、高齢者の皮膚乾燥症
硫黄泉	酸性泉に同じ

　酸性泉と硫黄泉は**火山性地域**に多い泉質であり、入浴するとピリピリするなど、非常に強い皮膚刺激があります。そのため、皮膚や粘膜が過敏な方、**皮膚乾燥症**の方は、酸性泉や硫黄泉に入浴すると**皮膚炎**を起こす場合があるため、注意が必要です。

　これらの禁忌症には直接該当しないと思われる方も、高刺激性の酸性泉や硫黄泉への入浴は、特に注意が必要です。出浴後にそのままにしておくと、**湯ただれ**を起こすことがありますので、心配がある場合は念のため、温泉から出るときに、温水（温泉水でないシャワーなど）で軽く体を洗い流すことをお勧めします。

　禁忌症の定義は「1回の温泉入浴でも有害事象を生ずる危険性がある病気・病態のこと」と定められています。禁忌症に該当される方は、温泉療養の際に十分に注意をしていただくだけでなく、必要に応じて、**温泉療養**に専門知識のある**温泉療法医**、**温泉療法専門医**に相談してみるのも良いでしょう。

温泉は飲んでも問題ないのでしょうか？

温泉の飲用許可がある場所ならばＯＫ。
飲用許容量が決まっているから気を付けて。

温泉地に行くと、たまに温泉の**飲泉場**が設置されているところを御覧になったことがあるかと思います。**飲泉**用の紙コップや柄杓（ひしゃく）、最近では飲泉専用の**飲泉カップ**なども置いてあったりします。試しに飲んでみたりしますが、たいていの場合、正直に言って、あまりおいしいとは言えない味であったり、しかしだからこそ、何かに効きそうだなと思ったりもします。

温泉には、飲んでも良い温泉とそうでない温泉があります。温泉の飲用には、温泉法上の**飲用許可** [24] が必要です。許可のある場所では、飲用可能のための管理や定期検査がされていますので飲んでも構わないのですが、許可をとっていない場所は、飲用のための管理がされていませんので、飲んではいけません。

温泉の飲用許可には、以下の**飲用利用基準**を満足していなければなりません。飲泉利用基準で最も重要なポイントは、以下の3項目について、基準を満たしているかどうかです。

飲泉に係る微生物学的管理の飲用基準

検査項目	基準値
一般細菌	1 mL 中の検水で形成される集落数が 100 以下であること
大腸菌群	検出されないこと
全有機炭素（TOC）	5 mg/L 以下であること

飲泉場では、これらの項目について、定期的に（年に1回以上）検査を行い、これらの検査項目に問題がないことを確認しています。また、周辺からの汚染がないようにすることや、施設構造を地上式にすること、貯湯槽の定期的な清掃を行うことなど、運用上の規定も遵守されています。

温泉の飲用は、基本的に飲泉場での飲用を想定されていて、1日当たり最大500 mL までに制限されています。さらに、温泉水の中には、例えば**ひ素**や**鉛**や**水銀**など、有害項目が含まれていることもありますので、そのような項目が多く含有している温泉は、1日に摂取しても問題がないとされる量から計算して、それぞれの温泉に個別の**飲用許容量**が決められています。

温泉の飲用許容量 [25]

成分	成分の総摂取量
ひ素	0.1 mg
銅	2.0 mg
ふっ素	1.6 mg
鉛	0.2 mg
水銀	0.002 mg
遊離炭酸	1,000 mg（1 回につき）

1 日当たり※の飲用量＝（成分の総摂取量／温泉 1 kg 中に含まれる各成分量（mg）× 1,000）mL
※遊離炭酸は「1 回当たり」と読み替えてください。

　この**飲用許容量**の制限がかかってくることが多い成分に、温泉水中の**ふっ素（F⁻ふっ化物イオン）** があります。例えば、ふっ素は、温泉水 1 kg 中に 2 mg 以上含有していると、温泉法上の**温泉**と判断される規定項目です。一方、1 日の**飲用許容量**は（1.6 mg/ 温泉 1 kg 中に含まれる成分量（mg）× 1000）mL と定められていますので、温泉水 1 kg 中に 3.2 mg でちょうど 500 mL となり、それ以上にふっ素が含まれている場合は、1 日の**飲用許容量**は 500 mL よりも少なくなっていく、という計算になります。

　飲用許容量は、飲泉場に「この温泉は○○イオンを含むため、温泉飲用の 1 回の量は○○ mL までとし、その 1 日の量はおよそ○○〜○○ mL までとすること」というように、必ず掲示されています。

　飲泉は、温泉成分を体に直接取り込むことになります。飲泉前に必ず**飲用許容量**を確認し、飲泉を楽しむようにしましょう。

24　温泉法第 15 条第 1 項に規定する許可が必要です。
25　平成 19 年 10 月 1 日付け環自総発第 071001002 号。

飲泉にも、適応症や禁忌症はあるのでしょうか？

あるよ。飲泉口に掲示されているから、見てみて。

　温泉の浴用に**適応症**や**禁忌症**があることは多くの方が御存知かと思いますが、温泉の飲用についても、やはり適応症と禁忌症が環境省通知[26]に基づいて、定められています。飲泉の場合は、全ての療養泉や温泉に該当するような適応症や禁忌症、すなわち、一般的適応症や一般的禁忌症はなく、**泉質別適応症**と**含有成分別禁忌症**があるのみです。

　まず、泉質別適応症です。例えば、塩化物泉であれば温泉水中に**マグネシウム**を含むことが多く、下剤としても使用されるマグネシウムに期待した**便秘**の改善や、炭酸水素塩泉はほぼアルカリ性であるため、**胃酸の中和**が期待できることから、**胃十二指腸潰瘍**、**逆流性食道炎**など、各泉質の化学的性質に応じた**適応症**が定められています。

泉質別適応症（飲用）

掲示用泉質	泉質別適応症（飲用）
単純温泉	―
塩化物泉	萎縮性胃炎、便秘
炭酸水素塩泉	胃十二指腸潰瘍、逆流性食道炎、耐糖能異常（糖尿病）、高尿酸血症（痛風）
硫酸塩泉	胆道系機能障害、高コレステロール血症、便秘
二酸化炭素泉	胃腸機能低下
含鉄泉	鉄欠乏性貧血
酸性泉	―
含よう素泉	高コレステロール血症
硫黄泉	耐糖能異常（糖尿病）、高コレステロール血症
放射能泉	―
上記のうち二つ以上に該当する場合	該当するすべての適応症

　飲用の**禁忌症**は、泉質ではなく、含有成分別に定められています。禁忌症は、**ナトリウムイオン、カリウムイオン、マグネシウムイオン、よう化物イオン**の４項目について、１日の飲用許容量が規定量を超える場合、掲示すべき禁忌症が定められています。

26　平成 26 年 7 月 1 日付け環自総発第 1407012 号環境省自然環境局長通知。

含有成分別禁忌症（飲用）

成分	含有成分別禁忌症（飲用）
ナトリウムイオンを含む温泉を 1日（1,200/A）× 1,000 mL を超えて飲用する場合	塩分制限の必要な病態（腎不全、心不全、肝硬変、虚血性心疾患、高血圧など）
カリウムイオンを含む温泉を 1日（900/A）× 1,000 mL を超えて飲用する場合	カリウム制限の必要な病態（腎不全、副腎皮質機能低下症）
マグネシウムイオンを含む温泉を 1日（300/A）× 1,000 mL を超えて飲用する場合	下痢、腎不全
よう化物イオンを含む温泉を 1日（0.1/A）× 1,000 mL を超えて飲用する場合	甲状腺機能亢進症
上記のうち、二つ以上に該当する場合	該当するすべての禁忌症

A は、温泉 1kg 中に含まれる各成分の重量（mg）を指します。

　どんな温泉でも大なり小なり入っている**ナトリウムイオン**（Na⁺）を例にして、考えてみましょう。ナトリウムイオンの場合、（1,200 mg/ 温泉 1 kg 中に含まれる成分量（mg））× 1,000 mL を超える量の飲用許容量である場合、禁忌症として、塩分制限の必要な病態（**腎不全、心不全、肝硬変、虚血性心疾患、高血圧**など）を記載することになっています。

　計算すると、温泉分析書のナトリウムイオンの濃度が、2,400 mg/kg である場合、**飲用許容量**が500 mL と算出されます。前節でも説明しましたが、どんな温泉でも、飲泉は 1 日あたり最大 500 mL までと定められていますので（→ p.48）、それ以上に飲用することは想定されませんが、温泉水中に含まれるナトリウムイオン濃度が 2,400 mg/kg よりも多い場合は、禁忌症に列記された病態をお持ちの方は、特に飲用には気を付けなければならない、ということになります。

　禁忌症や飲用許容量については、飲泉が許可された場所では、必ず掲示されています[27]。飲用の際には、ぜひ掲示を確認しながら、安全に効果的な飲泉をお試しください。

27　温泉法第 18 条第 1 項「温泉を公共の浴用又は飲用に供する者は、施設内の見やすい場所に、環境省令で定めるところにより、次に掲げる事項を掲示しなければならない。」と記載されています。

温泉に入るとき、飲むとき、何に気を付ければ良いですか？

温泉施設に「方法及び注意」が必ず掲示されているから、それに気を付けること。結構いいこと書いてあるんだ。

　温泉施設に行くと、脱衣所などに貼ってある温泉分析書の横あたりに**浴用の方法及び注意**が掲示されていることにお気づきでしょうか。

　この注意事項も、温泉療法医らによる医学的見地からの検討を踏まえて、環境省通知[28]に定められています。浴場でこの掲示をつぶさに見ている方を私はほとんど見かけませんが、実は非常に大事なことがたくさん書いてあります。

　一例を挙げてみましょう。例えば、浴用の方法及び注意では、「ア．入浴前の注意」に「（ア）食事の直前、直後及び飲酒後の入浴は避けること。**酩酊状態**での入浴は特に避けること」と記載されています。**飲酒**をすると、その代謝のために水分が消費されることや、**利尿作用**によって、体内が**脱水状態**になることが知られています。脱水状態での入浴は確かに望ましいものではなく、入浴時の急激な**血圧変動**と相まって、**脳溢血**などによる**入浴事故**を引き起こすリスクは確かに高くなります。

　とはいえ、温泉旅館に泊まりに行った夜に、後で温泉に入るからという理由で、豪華な食事を前にお酒を控えましょう、ということもなかなか現実的ではないと思います。もし、お酒を飲んだ後に、温泉に入る機会があるなら、この注意事項に準じて、以下の2点に特に気を付けていただきたいと思います。

① 入浴の前に掛け湯やシャワーなどで体を慣らすこと。（急激な血圧変動を避けるため）
② 入浴前後にコップ一杯の水を飲むこと。（お風呂に入ると水分が失われるため）

　もちろん酩酊状態になるまで多量の飲酒をしてしまった後は、正常な判断ができない可能性がありますので、その時点での入浴は控えましょう。そして、次の日の気持ちの良い朝風呂に期待しながら横になれば、きっと安眠も得られることでしょう。

　このように、安全かつ効果的に温泉を利用するために、「**浴用の方法及び注意**」と「**飲用の方法及び注意**」は、浴用あるいは飲用の許可を持つ全ての温泉利用施設に対して掲示が義務付けられています。利用の際には、ぜひご覧になっていただければと思います。

28　平成 26 年 7 月 1 日付け環自総発第 1407012 号環境省自然環境局長通知。

浴用の方法及び注意

温泉の浴用は、以下の事項を守って行う必要がある。

ア．入浴前の注意
- （ア）食事の直前、直後及び飲酒後の入浴は避けること。酩酊状態での入浴は特に避けること。
- （イ）過度の疲労時には身体を休めること。
- （ウ）運動後 30 分程度の間は身体を休めること。
- （エ）高齢者、子供及び身体の不自由な人は、1 人での入浴は避けることが望ましいこと。
- （オ）浴槽に入る前に、手足に掛け湯をして温度に慣らすとともに、身体を洗い流すこと。
- （カ）入浴時、特に起床直後の入浴時などは脱水症状等にならないよう、あらかじめコップ一杯程度の水分を補給しておくこと。

イ．入浴方法
- （ア）入浴温度
   高齢者、高血圧症若しくは心臓病の人又は脳卒中を経験した人は、42℃以上の高温浴は避けること。
- （イ）入浴形態
   心肺機能の低下している人は、全身浴よりも半身浴又は部分浴が望ましいこと。
- （ウ）入浴回数
   入浴開始後数日間は、1 日当たり 1 〜 2 回とし、慣れてきたら 2 〜 3 回まで増やしてもよいこと。
- （エ）入浴時間
   入浴温度により異なるが、1 回当たり、初めは 3 〜 10 分程度とし、慣れてきたら 15 〜 20 分程度まで延長してもよいこと。

ウ．入浴中の注意
- （ア）運動浴を除き、一般に手足を軽く動かす程度にして静かに入浴すること。
- （イ）浴槽から出る時は、立ちくらみを起こさないようにゆっくり出ること。
- （ウ）めまいが生じ、又は気分が不良となった時は、近くの人に助けを求めつつ、浴槽から頭を低い位置に保ってゆっくり出て、横になって回復を待つこと。

エ．入浴後の注意
- （ア）身体に付着した温泉成分を温水で洗い流さず、タオルで水分を拭き取り、着衣の上、保温及び 30 分程度の安静を心がけること（ただし、肌の弱い人は、刺激の強い泉質（例えば酸性泉や硫黄泉等）や必要に応じて塩素消毒等が行われている場合には、温泉成分等を温水で洗い流した方がよいこと。）。
- （イ）脱水症状等を避けるため、コップ一杯程度の水分を補給すること。

オ．湯あたり
温泉療養開始後おおむね 3 日〜 1 週間前後に、気分不快、不眠若しくは消化器症状等の湯あたり症状又は皮膚炎などが現れることがある。このような状態が現れている間は、入浴を中止するか、又は回数を減らし、このような状態からの回復を待つこと。

カ．その他
浴槽水の清潔を保つため、浴槽にタオルは入れないこと。

飲用の方法及び注意

温泉は、湧出後、時間の経過とともに変化がみられるため、地中から湧出した直後の新鮮な温泉が最も効用があるといわれているが、それぞれの泉質に適する用い方をしなければ、かえって身体に不利に作用する場合もあるので、温泉の飲用は、以下の事項を守って行う必要がある。

なお、温泉を飲用に供する場合は、当該施設の設置者等は新鮮な温泉を用いるとともに、源泉及び飲用施設について十分な公衆衛生上の配慮を行う必要がある。

- ア．飲泉療養に際しては、専門的知識を有する医師の指導を受けること。また、服薬治療中の人は、主治医の意見を聴くこと。
- イ．15 歳以下の人については、原則的には飲用を避けること。ただし、専門的知識を有する医師の指導を受ける飲泉については例外とすること。
- ウ．飲泉は決められた場所で、源泉を直接引いた新鮮な温泉を飲用すること。
- エ．温泉飲用の 1 回の量は一般に 100 〜 150mL 程度とし、その 1 日の総量はおよそ 200 〜 500mL までとすること。
- オ．飲泉には、自身専用又は使い捨てのコップなど衛生的なものを用いること。
- カ．飲泉は一般に食事の 30 分程度前に行うことが望ましいこと。
- キ．飲泉場から飲用目的で温泉水を持ち帰らないこと。
- ク．飲用する際には、誤嚥に注意すること。

超高齢社会の中で、温泉ができることはありますか？

温泉は、地域の交流拠点化や医療費削減など、重要な役割を果たすことが期待されます。

　超高齢社会を迎えた我が国では、**高齢者医療**や**介護**分野に対する社会的な需要が高まりによって、**医療費**の増大による**医療保険財政**の悪化が極めて大きな社会的問題になっています。これからの我が国にとって、おそらくこの問題はどんどん肥大化していくことになるでしょう。

　この社会的問題を考えていくうえで、温泉、特に従来から公共が開発、運営している**公共温泉施設**の果たすべき役割は意外と大きいのではないかと考えています。

　これまでにも、温泉資源を活用した保健事業の推進によって、**医療費削減効果**が認められたとする自治体の成功事例がいくつか報告されています。具体的な報告事例は、例えば**高齢者クラブ**の会員などに、温泉施設の無料券や補助券を配布したところ、結果として、年間の医療費が低下したというような事例研究[29]などが例に挙げられます。

　これらの成功事例は、それまで高齢者たちの交流の場が、病院や診療所などの医療機関という状況に代わって、公共温浴施設を地域の交流拠点として機能させた、という点が共通しています。つまり、それまで医療機関で支払われていた医療費が不要となり、結果として医療費削減につながったということです。

　社会全体の**健康増進**を図るためには、個々の病態への対策だけでなく、健康づくりのための社会環境整備が重要です。健康づくりを推進するための社会整備を考えていく中の重要な概念として、**ソーシャルキャピタル**[30]があります。このソーシャルキャピタルの概念を単純化して言うと、**地域のつながり**や**絆**などに言い換えることができます。

　地域のつながりが強い地域は、健康寿命が長い人が多いという疫学的な研究成果があります。このことを踏まえて、健康づくりの推進のために、地域のつながりを強化していきましょう、地域でお互いに助け合っていきましょう、という考え方が国全体で推進されています。

　つまり、この地域のつながりの強化こそが、ソーシャルキャピタルの醸成そのものであるということができます。ソーシャルキャピタルを醸成した先には、今後さらな

29　国民健康保険中央会（2001）などが参考にできます。

30　ソーシャルキャピタルとは「ある社会における相互信頼の水準や相互利益、相互扶助に対する考え方の特徴」のことを指します。

る高齢化と介護需要が加速することになる我が国において、住み慣れた地域で包括的な支援・サービス提供できる体制、すなわち**地域包括ケアシステム**の構築が念頭にあることは言うまでもありません。

　以前、市町の自治体を対象に、自治体が所有する公共温泉施設の利用目的についてアンケート調査を行ったことがあります。その際、公共温泉施設を半数近くの自治体が所有しており、その所有目的は「住民の健康づくりの場」「住民の保養」「住民の社交場」といった回答が多数でした。この調査結果から、公共温泉施設は、健康増進および交流の場として機能することが期待されている実態が浮かび上がってきました。

　我が国では入浴は日常習慣となっているため、高い反復性があります。それに加えて、その施設で温泉を使っていれば、高齢者のニーズの高い**健康資源**として機能します。さらに先進的な自治体では、温泉施設に**温泉プール**などの運動施設を整備して、**健康づくり支援**のためのプログラムを組み入れたり、温泉施設に隣接した**デイサービスセンター**を設けたりするなど、温泉を中心に、医療・保健・福祉を一体的に取り組んでいるケースが見られます。

　要介護の方々の中には、家庭では入浴が危険で入れない、という方も少なくありません。そういった方々が、一定程度の管理下での入浴が可能となる温泉施設が地域の交流拠点となり、温泉施設の**サロン化**が進めば、ソーシャルキャピタルの醸成、ひいては医療費低減にもつながっていくことが期待できます。

　温泉が有する、健康資源、地域資源としての価値を最大限に生かすことにより、我が国の**温泉文化**、**湯治文化**を上手く融合した、超高齢社会への対応という将来的な難題に対する解決を図れるのではないでしょうか。

ソーシャルキャピタルの醸成 → 医療費削減へ

入浴事故が社会問題になっています。入浴事故が起こらないように、気を付けるべきことは何ですか？

冬は脱衣所を暖かくする。浴槽水用の温度計を使う。

　毎年気温が低下する晩秋から初冬にかけて、入浴事故に関する話題が報道されるようになりました。世界の主要国の中で、日本の**溺死**による死亡割合は突出しており、これは我が国特有の入浴文化が、強く影響しているものと考えられます。「交通事故によりも入浴事故による犠牲者の方が6倍多い」というような表現もなされており、**入浴事故**による死亡、いわゆる**入浴死**は、すでに社会問題化しているといっても過言ではありません。日本人が大好きな入浴は、健康増進にも有効ですが、逆にその方法によってはリスクにもなり得るということがいえます。

　入浴事故の発生件数は、12月から1月までの期間が圧倒的に多く、その犠牲者のほとんどが**高齢者**です。急な温度差によって、急激な**血圧上昇**が起こり（**ヒートショック**）、**脳卒中**や**心筋梗塞**を引き起こし、お風呂の中で意識を失ってしまった結果、浴槽の中で溺れてしまうことがその原因です。

　こういった入浴事故の発生地域は、**寒冷地域**に限ったことではありません。都道府県別の入浴事故発生状況に見ると、確かに最も入浴事故の発症率が低いのは沖縄県ですが、次に低いのが北海道です[31]。北海道のような寒冷地域ではそもそも建築物の構造上、二重窓などにより居室内の温度が高く維持できるため、居室と浴室の温度差を比較的少なくできるため、入浴事故が未然に防がれているようです。逆にいえば、入浴事故は、脱衣所の温度を上げ、浴室との温度差を小さくして、急激な血圧変化を起こさせないことで未然に防げるものと考えても良いでしょう。

　また、浴槽水の**入浴温度**も、大きな入浴事故発生要因となっています。そのことを検証するために、以下のような実験を行いました。

　高齢者と若年者に、同じ41℃の温度の浴槽水に15分間入浴をしてもらいました。入浴者の経時的な血流量や血圧なども測定しながら、そのときの主観的な**温熱感**、つまりこのお風呂が熱いと感じるか、ぬるいと感じるか、という違いを5分ごとに答えてもらいました。

　その結果、全く同じ41℃の入浴温度であるにもかかわらず、若年者の多くは「熱い」と感じ、高齢者の多くは「普通」と感じると答えました。しかも入浴開始から時間が

31　高橋ら「わが国における入浴中心肺停止状態（CPA）発生の実態—47都道府県の救急搬送事例9360件の分析」（2011年の調査データより）

経つにつれて、次第にその傾向は顕著になりました。

　その一方、**血流量**や**血圧**などの循環動態の測定値を見ると、若年者に比べて高齢者の方が、浴槽水温度に対する**温熱刺激**に対する生体反応が明らかに遅れており、入浴温度による温熱刺激を強く直接的に受けていることが示されました[32]。

　このことからわかることは、「高齢になればなるほど熱いお風呂を好むが、その**生体反応**は鈍くなっていて、**循環動態不全**となるリスクも高くなっている」ということです。すなわち、高齢になればなるほど、自分自身が気持ち良いと思う入浴温度が上がるため、その方自身が若かった頃から比べると、実は信じられないくらい熱いお風呂に入っており、その分だけ入浴事故のリスクを上げてしまっている、ということになるのです。

　以上のことから、特に高齢者においては、自分が気持ち良いと思う入浴温度に調節することが、そもそもリスクの高いことであるという認識が必要です。自分の体の温熱感を信用しすぎずに、浴槽水用の温度計など、客観的な指標も活用しながら、**高温浴**による入浴事故のリスクを低減することが大事です。

　また、温泉入浴の注意事項にも記載されている入浴前後の**水分補給**や、入浴直後の血圧変動を抑える**かけ湯**なども、入浴事故の未然防止には非常に有効と考えられています。

ステップアップ Q & A

 適応症と禁忌症について、もっと詳しく知りたいです。

 平成26年の環境省通知の改正を機に、環境省が「**あんしん・あんぜんな温泉利用のいろは**」というパンフレットを作成しました。環境省のwebサイトからもダウンロードできます。

適応症などの原案を作成した**日本温泉気候物理医学会**が監修しているのですが、とてもユーモアのある内容で、イラストも多くわかりやすくなっています。インバウンド観光客を想定した英語版、中国語版、韓国語版パンフレットも発行されています。

 適応症と禁忌症と注意事項は、必ず掲示しないといけないのでしょうか？

 正確にいえば、**禁忌症**と**注意事項**は、法律で掲示することが義務づけられています。実は、**適応症**は法律上の義務ではないので、掲示してもしなくても、どちらでも構いません。でも、私の経験上、適応症を掲示していない施設はほぼ見かけませんね。

なぜ飲用には一般的適応症がないのですか？

　浴用の場合は、療養泉の浴用に共通する**温熱効果**が得られるため**一般的適応症**を定めることができましたが、飲用の場合には、全ての療養泉に共通して通常の飲水と異なる効果があるとする研究的知見がないことから、飲用の一般的適応症は定められていません。

泉質が「〇〇－塩化物・炭酸水素塩泉」というように、「塩化物泉」でも「炭酸水素塩泉」でもある場合、適応症はどのように決まるのでしょうか？

　原則として、二つ以上の**泉質**が重複している場合は、そのそれぞれの泉質の**適応症**を両方掲示できます（→ p.44、p.50）。ご質問の場合においても、塩化物泉の適応症も、炭酸水素塩泉の適応症も、両方を書くことができます。

なぜ、湯船に入る前に、かけ湯をするのでしょうか？

　浴槽につかる前に体にお湯をかける**かけ湯**。かけ湯を行うことには、二つの意味があります。

　1点目は自分の身を守るためです。お風呂に急に入ると、お風呂の熱さのためにすぐに**血流**が早くなりますが、血管の十分な拡張までには少し時間がかかるため、入浴後の数分間で急激な**血圧上昇**が起こります。特に**血管拡張**に、より時間のかかる高齢者はその血圧上昇が顕著となるため、このことが**入浴事故**の主要な原因の一つと考えられています。そこで、予めかけ湯をしておくことにより、血管拡張が比較的スムーズに進むようになるため、**入浴事故**のリスクを低くすることができます。

2点目は、浴槽水の清浄を保つためです。浴槽水の微生物学的な汚染といえば、**レジオネラ属菌**の増殖がその最たるものですが（→ p.68）、そもそもレジオネラ属菌は環境中のどこにでもいる**環境常在菌**です。入浴者を介してさまざまな雑菌が浴槽水に入ってくる可能性も考えられなくはありません。この持ち込みを未然に防止するためには、浴槽に入る前に体を洗うことが重要で、さらにかけ湯をすると、より安心です。

温泉療養ではなぜ「適応症」という、耳慣れない言葉が使われるのでしょうか？

そもそも古くから日本人は、温泉療法の中に心身の効用を経験的、感覚的に感じていたことは間違いありません。我が国の近代化の過程で温泉法が制定され、温泉療養を制度化する際、この伝統的な**医治効能**について、西洋医学的な言葉とは区別化し、「**適応**」という言葉で表現することとしたようです。

温泉に入浴した後は、体を水で流さない方が良いのでしょうか？

場合によります。確かに温泉入浴の後に、あまり真水（水道水）で流さない方が良い場合はあります。例えば、泉質が**塩化物泉**や**炭酸水素塩泉**など、溶存成分が多い**塩類泉**では、皮膚に温泉水が残ることによって、入浴後の**深部体温**が高い状態で持続する、すなわち、**保温効果**が持続するという研究報告があります。この場合は、体についた温泉成分は洗い流さずに、タオルで軽く水分を拭き取る程度が良いでしょう。

しかし、例えば**酸性泉**や**硫黄泉**など、入浴していると体がピリピリするような身体への刺激の強い温泉では、そもそも皮膚や粘膜の敏感な方、高齢者の**皮膚乾燥症**の方などはそもそも入浴しない方が良いですし、特に皮膚が敏感な方は、出浴後に真水のシャワーなどで軽く洗い流した方が適切でしょう。

私は、**循環ろ過処理**をしている温泉でも、さらっと真水で体全体を軽く洗い

流すようにしていますが、もしかけ湯用の温泉水があれば、保温効果を得るために、それを一杯体にかけてからお風呂から出るようにしています。

日本のお風呂文化は、他の国にはないのでしょうか？

　　　昔、外国の方に請われて、一緒に温泉地に行ったことがあります。その外国の方と一緒に入浴をしたのですが、入浴中にとても熱がり、5分と湯船に入っていることができませんでした。**入浴温度**はおそらく 41℃ 前後で、私自身はそこまで熱くは感じませんでした。

　おそらく我々日本人は、赤ちゃんの頃からこの入浴方法に慣れていますので、この入浴方法を普通と思っている節がありますが、これは広く考えれば、**温熱ストレス**に対する日本人の**順応**と耐性の獲得とも言えます。入浴習慣のない外国の方にとっては、日本の入浴方法はとても「熱すぎる」ようで、極めて強い**温熱刺激**と感じるようです。

　この 41℃ 前後の温浴をほぼ毎日、我が国の入浴習慣は、やはり世界的に見てもかなり特殊な文化であるということは、ほぼ間違いありません。

がんに効く温泉はあるのですか？

　　　温泉浴用では、がんに効くというような医学的な証拠（**エビデンス**）は見つかっていません。

お風呂の温度は何℃が適当なのでしょうか？

　入浴温度によって、人体への作用が異なります。**ぬる湯**では、いわゆる**副交感神経**優位の状態になり、心身がリラックスした状態になります。

　一方で**熱湯**では、いわゆる**交感神経**優位の状態になり、心身が活発化した状態になります。

　この正反対の効果は、浴槽水温度が 41 ～ 42℃ 前後を境としていると考えられています。このことから、例えば、これから活動を開始する**朝風呂**は、入浴温度を 41℃ 程度とやや熱めにして交感神経優位にして体を起こし、一方、これから睡眠に向かう**夜風呂**では、入浴温度は 40℃ 以下のぬるめにして、副交感神経優位にし、心身をリラックスさせるなど状況に応じてお風呂の温度を変えると良いでしょう。

祖父が熱いお風呂が好きなのですが、何℃までなら問題ないですか？

　お風呂は体を清潔にすること以外にも、体をあたためることも重要な目的です。確かに**入浴温度**が高い方が、短時間のうちに体の中の温度（**深部体温**）を上げることができるのは確かです。

　ただ、熱いお風呂が好きだからといって、入浴温度をむやみに上げることはお勧めしません。環境省が定める「**浴用の方法及び注意**」では、「高齢者、**高血圧症**若しくは**心臓病**の人又は**脳卒中**を経験した人は、42℃ 以上の**高温浴**は避けること。」と記載されています。42℃ 以上の入浴では、血小板の作用に伴い一時的に**血液粘度**が高くなり、**血栓**の形成リスクが急激に高くなることが知られています。

　このため、高齢者などのハイリスクグループでは、42℃ 以上の高温浴は避けていただくことが賢明です。私は、41℃ の入浴温度を「良い（41）風呂」と覚えて、お勧めしています。

　ちなみに、冬の 41℃と夏の 41℃は、感じ方も変わります（同じ 41℃でも冬の方がぬるく感じるはずです）し、高齢者の 41℃と若年者の 41℃も、感じ方が違います（高齢者の方がぬるく感じるはずです）（→ p.56）。

　おじいさんが熱いお風呂が好きなら、ちょっと**入浴事故**が心配です。浴槽水の温度が 41℃を超えないように、浴槽水用の温度計をプレゼントしてみてはいかがでしょうか。

> 温泉で硫黄の匂いがしました。温泉らしくて良い匂いなのですが、人体に有害だとも聞きました。大丈夫でしょうか。

　温泉で感じられた硫黄の匂いの正体は**硫化水素**（H_2S）です。理科の実験の教科書では、「卵がくさった匂い」と表現されますが、温泉地でこの匂いがすると、いかにも温泉に来たということで、良い気分になりますよね。

　この硫化水素ですが、確かに多量に吸入した場合は有害で、**硫化水素中毒**となる可能性があります。硫化水素濃度が 10 ～ 50ppm 程度になると、目の粘膜への刺激を感じはじめます。500ppm くらいまで濃度が高まると急性中毒となり、生命の危険を伴いはじめます。

　ちなみに、硫化水素濃度が規定値以上の療養泉のことは、**硫黄泉**と呼ばれます。硫黄泉は、**総硫黄**（**硫化水素イオン**、**チオ硫酸イオン**、**硫化水素**のそれぞれの硫黄分の総和）が 2 mg/kg（2ppm）以上を指します。また、硫化水素のヒトの嗅覚は非常に感度がよく、温泉法上の基準となる総硫黄の数百分の 1 の濃度の硫化水素であっても、嗅覚として感知できます。さらに、硫化水素はガス体であり、気化後すぐに空気と混合することを考えると、よほどの特殊な環境条件でない限り、硫化水素の匂いを感知しただけで、人体の有害性を心配する必要はないでしょう。

　しかし、気を付けなければならないのは、硫化水素が局所的にたまったところに行ってしまうことです。硫化水素は空気よりも重いので、下の方にたまりやすい性質があります。浴室の中だけでなく、冬の温泉地での雪穴の中や、地下ピットの中など、硫化水素が局所的にたまっているおそれがあります。そのような場所では、スポット的に硫化水素が高濃度となっているため、そのよう

な場所に不用意に行くことは、非常に危険です。

　このため、環境省は「公共の浴用に供する場合の温泉利用施設の設備構造等に関する基準（改正）」（平成29年9月1日付け環境省告示第66号）により、硫黄泉を利用する施設に対して、**換気孔**や**ばっ気装置**などを設置するなど、浴室内に**硫化水素**がたまらないような構造とすることを求めています。

　硫化水素濃度が致死レベルまで高い環境下では、ヒトの嗅覚は麻痺してしまって、この**硫化水素臭**が感知できなくなるそうです。くれぐれも気を付けてください。

Section 4 温泉浴槽水を きれいに保つには？

この前、温泉に行ってきたんだけど、
お休みだったよ。

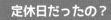

定休日だったの？

いや、今日から1週間、臨時休業なんだって。
レジ……なんとか細菌が出たから、とかなんとか……。

レジ……って何？

……ああ、思い出した。レジオネラだ。

レジオネラか。なんか聞いたこと
があるような気がするけど……。

　オンくんの行きつけの温泉施設が、臨時休業のようです。
　理由は、浴槽水からレジオネラ属菌が検出されたから、とのこと。ちょっと大変なことになりました。これは一体どういうことでしょうか？
　温泉施設や公衆浴場では消毒や洗浄といった、適切な衛生管理が必要になります。このセクションでは、普段から、温泉施設や公衆浴場の施設管理の方が取り組んでいる衛生管理について、学んでみましょう。

温泉分析書の横に「この浴槽は循環ろ過されています」という掲示がありました。これはどういうことなのでしょうか？

浴槽水中の汚れを除去しながら、温泉水を繰り返し使うことだよ。

　循環ろ過の掲示をしている温泉施設は数多くあります[33]。ただ、いきなり循環ろ過と言われても、それが実際にどういうものなのか、なかなかイメージがつきにくいのではないのでしょうか。温泉施設の循環ろ過とはどういうものか、説明していきましょう。

　温泉施設の浴槽に入っているとき、浴槽水の底の方で、お尻が吸われるくらい吸引力のある水の吸い込み口に気づいたことはありませんか？　その吸い込み口は、**循環配管**への入り口かもしれません。循環ろ過のある温泉施設では、浴槽の中に引き込み口があり、そこから循環配管に導入されます。

　循環水は、配管を通ってまず**ヘアキャッチャー（集毛器）**を通ります。ヘアキャッチャーとは、配管中に設備された、いわば排水口の三角コーナーのようなもので、文字通り、浴槽水中に浮遊する、毛髪をはじめとした目に見えるくらいの大きな汚れを取り除きます。

　その後、配管は**ろ過器**に導入されます。ろ過器にもさまざまな方式がありますが、最も汎用的に用いられているのは**砂ろ過式**です。砂ろ過式のろ過器の中には砂が充填されていて、その中に汚れた浴槽水を通すことによって、目視ができるかできないかという程度の微細な浮遊物や汚れを、砂に吸着させて除去しています。

　ろ過器では、**消毒剤**の添加も行われます。消毒剤にはいくつか種類がありますが、最も汎用的に使用されている消毒剤は、**次亜塩素酸ナトリウム**です。温泉に行った時に、プールのような匂いを感じることがあるかと思いますが、そのプールのような匂いの正体です。漂白剤や防カビ剤として、台所や洗濯に使用する薬剤であり、水道水中のいわゆる「カルキ臭」と呼ばれる匂いと同じです。次亜塩素酸ナトリウムをはじめとする消毒剤の添加によって、浴槽水の中にある通常レベルの微生物学的な汚れ、例えば**細菌**や**ウイルス**などを消毒できます。

　ろ過と消毒を終えた浴槽水は**熱交換器**で再加温されます。熱交換器にもさまざまな方式がありますが、最も汎用的な方式は、**プレート式熱交換器**で、複数の金属製プレー

33　温泉法第18条第1項および温泉法施行規則第10条第2項により、循環ろ過を行っている場合は、その旨の掲示が義務付けられています。

トの間に高温流体と低温流体を流して、循環水の再加温を行うものです。

　熱交換器で再び温められた循環水は、浴槽の中に戻っていきます。この循環をぐるぐる回すことによって、入浴客由来の汚れを除去して、浴槽水をきれいに保つようにしています。

　このような循環ろ過システムは、温泉施設だけでなく、**公衆浴場**や**プール**などでも広く使用されています。循環ろ過は、使用する温泉水の量を少なくできますので、温泉資源の節約に貢献できます。

　浴槽水の中には、さまざまな**雑菌**が存在します。特に公衆浴場の浴槽水は、多数の人たちが入浴しているわけですから、入浴客からの持込もあるでしょう。浴槽やろ過器が、栄養豊富な適温の培養装置になっているようなものなので、何も消毒作業をしなければ、雑菌は必ず増えてしまいます。

　このため、消毒などの衛生管理は、非常に重要です。特に循環ろ過を用いる場合、最低限１週間に１回以上、全ての浴槽水を排水して、新しい温泉水と入れ替えること（**完全換水**）や、定期的な浴槽の**清掃**、配管やろ過器の**消毒**や**洗浄**など、適切な運用管理が不可欠です。

　そのような一連の作業を怠ると、本来浴槽水を清浄にするはずのろ過器や循環配管が、逆に汚染源になってしまうというようなこともありますし、最悪の場合、**レジオネラ属菌**といった病原性細菌の温床となってしまうので、十分な注意が必要です。

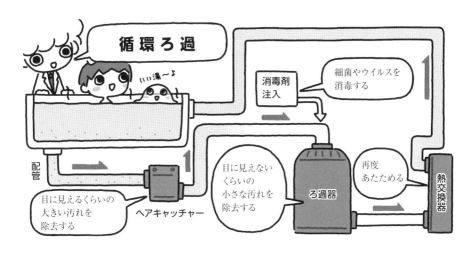

レジオネラ属菌に感染するとどうなるのか、教えてください。

「在郷軍人病」とも呼ばれる肺炎を引き起こす。病名としては、不思議な名前だよね。

レジオネラ属菌という細菌の名前を聞いたことがあるでしょうか。レジオネラ属菌は、公衆浴場などの水系施設で増殖し、重篤な肺炎の危険性がある**病原性細菌**の一種です。ここではレジオネラ属菌の特性について、説明していきましょう。

公衆浴場の浴槽水に関する水質基準は、厚生労働省通知[34] で規定されており、この規定をもとに、各自治体で条例化されています。浴槽水の水質基準としては、レジオネラ属菌は以下のとおり、「検出されないこと」と規定されています。

浴槽水の水質基準[34]

項目名	水質基準
濁度	5 度以下
有機物（全有機炭素（TOC）の量）	8 mg/L 以下
又は、過マンガン酸カリウム消費量	25 mg/L 以下
大腸菌群	1 個/mL 以下
レジオネラ属菌	検出されないこと （10 cfu/100mL 未満）

ただし、温泉水又は井戸水を使用するものであるため、この基準により難く、かつ、衛生上危害を生じるおそれがないときは、基準を適用しないことができる。

レジオネラ属菌が恐ろしい病原体として世界に認識されることになった、一つの大きな事件があります。その事件は、1976 年 7 月にアメリカのフィラデルフィアにあるとあるホテルで起こりました。そのホテルでは、アメリカの**在郷軍人**の会合が行われていましたが、その大勢の宿泊客に、重篤な肺炎が**集団発生**したのです。

その肺炎の原因を調査した結果、当時は知られていなかった新種の細菌の感染によることが判明しました。ホテルの**冷却塔**内で増殖した**細菌**が、ホテルの部屋に吹き込む冷風の中に入り込み、その冷風を吸い込んだ宿泊客が感染した、ということがわかってきました。感染の犠牲となった在郷軍人（Legion レジオン）の名称から、その新

---

34 「**公衆浴場における衛生等管理要領等について**」（平成 12 年 12 月 15 日生衛発第 1811 号厚生省生活衛生局長通知　令和 2 年 12 月 10 日生食発 1210 第 1 号一部改正）。

種の細菌のことは「レジオネラ属菌」（*Legionella* spp.）、その新種の細菌に起因する感染症は**在郷軍人病**（レジオネラ症 legionellosis）と名付けられました。

　レジオネラ属菌は、人間の呼吸器系に入り込みます。レジオネラ属菌の感染によって、発熱を中心とする**ポンティアック熱**や、重篤な**レジオネラ肺炎**を引き起こします。

　レジオネラ症の罹患は、女性よりも男性の方が罹患率は高く、また、高齢者、新生児、糖尿病やがんなど基礎疾患のある人などは、罹患した場合の重篤化率が高くなり、死に至る場合もあります。全国の感染者数の年次推移は右肩上がりに増加傾向にあり、2022 年現在は年間 2,000 人を超えている状況です。

　前述の在郷軍人会での集団感染事例を契機に、飛躍的に研究が進みました。まず、レジオネラ属菌は、河川や土壌などの一般的な環境中に生息している、いわゆる**環境常在菌**であることがわかりました。実際に、河川水や水たまりなどなどの水をとってきて培養すると、レジオネラ属菌が検出されることは珍しくありません。レジオネラ属菌は浴槽の中にしかいない非常に特殊な細菌、というような感覚がある方もいらっしゃいますが、自然界においてレジオネラ属菌の存在自体は、決して特別なものではありません。

　レジオネラ属菌の至適温度、つまり増殖に適した温度は、36℃前後とされています。さらに浴槽水には、入浴客由来の汚れである**有機物**、温泉に由来する**鉄分**などが含まれており、これらはレジオネラ属菌にとっての栄養分であり、増殖の要因となります。

　レジオネラ属菌は、浴槽水中に入り込むと、そこは非常に増殖に適した環境であるために、爆発的に増殖してしまうことがわかっています。このため、公衆浴場では、消毒剤の添加やこまめな換水、清掃や配管洗浄など、確実な衛生管理が必要なのです。

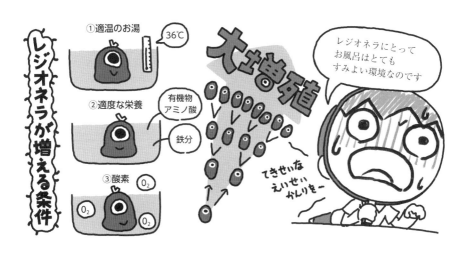

近くの温泉施設が、利用者からレジオネラ症の患者が出てしまった、という理由で一時休業しています。

それは大変。検査と洗浄にかかる間、安全のために休業しているんでしょう。

　時折、公衆浴場での**レジオネラ集団感染**のニュースが報道されることがありますが、なぜそのようなことが起きてしまうのでしょうか。

　レジオネラ症が判明した場合、**感染症法**[35] により全数届出の対象となります。管轄の保健所にレジオネラ症への感染の情報が収集されてきたとき、複数の感染者が同一の公衆浴場を使用していたなどといった情報から、その施設の**レジオネラ汚染**が疑われることになります。

　施設の衛生管理状況の確認として、浴槽水のレジオネラ検査が行われることがあります。通常、レジオネラ属菌の試験は、浴槽水を前処理した検液を培地に塗布して培養し、1週間程の時間をかけてレジオネラ属菌の**コロニー（細菌集落）**を検出します。

　浴槽水のレジオネラ汚染が判明すると、施設の浴槽や**循環配管**の**消毒**や**洗浄**などの対策が講じられます。この洗浄や検査には一定の時間を要するため、**レジオネラ症**の感染の原因となった公衆浴場が一時的に休業することは、利用者の安全確保のためにはやむを得ないことといえます。

　レジオネラ属菌は**環境常在菌**です。このため、特に**露天風呂**は、環境に由来する水や土埃として、レジオネラ属菌が直接浴槽水に入る可能性が十分に考えられます。環境中ではレジオネラ属菌がいる状態が自然であって、いない状態がむしろ不自然なので、そのこと自体は通常起こり得ることと言えます。

　そのうえで、レジオネラ属菌の浴槽水中の水質基準は「検出されないこと」[36] と規定されています。レジオネラ属菌が環境常在菌であることを考えると、あまりにも厳しい基準ではないかと思われるかもしれません。レジオネラ属菌は、なぜこのような厳しい基準が課せられているのでしょうか。

　第一の理由として、低い濃度の汚染であっても、レジオネラ症患者が発生した事例がある点が挙げられます。第二に、レジオネラの食物連鎖上の位置に基づく理由が挙げられます。このことについて、詳しく説明しましょう。

　浴槽水中でも被食－捕食の関係で説明される**食物連鎖**、つまり、**生態ピラミッド**が存在します。生態ピラミッドの最下位には、利用客の垢や皮脂などに由来する**有機物**

35　感染症の予防及び感染症の患者に対する医療に関する法律（平成 10 年法律第 104 号）。

36　正確には「100 mL 中に 10cfu（コロニー）未満」＝「検出されないこと」とされています。

があり、そしてそれを栄養に増殖する細菌類がいます。そして、その細菌類を捕食するアメーバがいます。レジオネラ属菌は、そのアメーバに寄生して増殖するため、浴槽の生態ピラミッドの中ではレジオネラ属菌が最上位に位置しています。

　表現を変えて説明すると、有機物が増えないと、その上位の細菌類が増殖せず、細菌類が増えないとアメーバが増殖せず、さらにそのアメーバが増えないと、レジオネラ属菌が増殖しない、ということを意味しています。

　したがって、浴槽水中にレジオネラ属菌が検出されるということは、その食物連鎖の下位にある有機物や細菌類、アメーバなど、いずれも浴槽の衛生管理上、あまり存在してほしくないものがすでにたくさんある状態、つまり消毒や洗浄が足りていない、ということを意味します。

　入浴施設が一度でも、レジオネラ症患者を出してしまうと、非常に大きなダメージを受けます。そもそも、その患者の方の容体が心配ですし、その後、無事に営業を再開できたとしても、利用客からの施設の衛生管理に対する信頼は相当下がっているはずです。

　入浴施設は、人間の生命を預かっているという感覚を持ちながら、日々の正しい衛生管理に努める必要があるといえます。

浴槽水の消毒に遊離塩素が広く使われていますが、何か弱点はあるのでしょうか？

温泉浴槽水に関していえば、最大の弱点は pH 依存性。特に、アルカリ性の温泉浴槽水の消毒は難しいね。

現在、公衆浴場で最も汎用的に広く使用されている消毒剤は、**次亜塩素酸ナトリウム**です。次亜塩素酸ナトリウムは、浴槽水に添加すると、**遊離塩素（遊離残留塩素）**に解離します。遊離塩素は化学的反応性が高く、**殺菌効果**のある化学態です。

レジオネラ属菌は芽胞を形成しないので、水中に浮遊していれば一定濃度以上の次亜塩素酸ナトリウムでしっかりと殺菌されます。厚生労働省通知[37]では、「浴槽水の消毒に当たっては、塩素系薬剤を使用し、浴槽水中の**遊離残留塩素濃度**を頻繁に測定して、通常 0.4 mg/L 程度を保ち、かつ、遊離残留塩素濃度は最大 1 mg/L を超えないよう努めること。」と記載されており、すなわち、浴槽水中の遊離残留塩素濃度を 0.4 mg/L 程度に維持することによって、**大腸菌**やレジオネラ属菌などを殺菌し、増殖を抑制することを求めています。

遊離塩素消毒は、**公衆浴場**だけでなく、**プール**や**水道水**などにも長く使用されてきた消毒方法です。遊離塩素消毒は、次亜塩素酸ナトリウムを添加するだけで良いので、簡便であること、安価であること、といった長所が挙げられます。しかしながら、遊離塩素消毒にも弱点もあり、その中でも最大の弱点は、その浴槽水の pH によって消毒力が大きく変わってしまう **pH 依存性**があることです。具体的には、次亜塩素酸ナトリウムを浴槽水の中に添加した時、その浴槽水の pH によって、次亜塩素酸ナトリウムが解離してできる化学態が異なります。その化学態によって消毒力が大きく異なるため、消毒力が減弱してしまったりします。

例えば、pH がとても低い、強い酸性の条件下では、次亜塩素酸ナトリウムは**塩素ガス（Cl_2）**になります。次亜塩素酸ナトリウムの漂白剤に「混ぜるな危険」というラベルを見たことがあるかと思いますが、塩素ガスは人体に極めて有害ですので、強酸性の温泉水に次亜塩素酸ナトリウムを添加することは危険です。

中性から**弱酸性**の浴槽水では、**次亜塩素酸（$HClO$）**と呼ばれる化学態に解離します。この化学態の消毒力が最も高く、遊離塩素消毒としては理想的な pH と言えます。

一方、pH がとても高い**アルカリ性**の浴槽水では、次亜塩素酸ナトリウムは、**次亜塩素酸イオン（ClO^-）**という化学態に解離します。この次亜塩素酸イオンは、次亜塩素酸に比べると殺菌力が弱く、その殺菌力は数分の 1 から十数分の 1 程度にまで低

37 「公衆浴場における衛生等管理要領等について」（→ p.68）

下してしまうと考えられています。**弱アルカリ性**の温泉水であるなら、確実に消毒力が弱くなっているのですが、次亜塩素酸ナトリウムの添加量を増やす対応方法が現実的という場合も考えられます。温泉の pH がアルカリ性になるにつれて、遊離塩素消毒ではなく、モノクロラミン消毒（→ p.74）の適用も考えていく必要があるでしょう。

　ちなみに、温泉の衛生管理の際、日頃の浴槽水中の遊離塩素濃度を測定する時に、DPD 試薬を用いた **DPD 法**を用いることが一般的です。DPD 法では、遊離塩素が存在すると赤紫色に発色するため、その発色度合いによって遊離塩素濃度に換算します。ところが、殺菌力が高い次亜塩素酸も、殺菌力が弱い次亜塩素酸イオンも、いずれも DPD 試薬により赤紫色に発色しますので、殺菌力の弱い次亜塩素酸イオンによって消毒されている場合でも、消毒力の減弱に気づきにくい、という側面があります。アルカリ性の温泉を使った浴槽で遊離塩素消毒を行っている場合、消毒力が本来期待されているものよりも、相当に減弱してしまっている、ということを認識しておく必要があります。

　pH 以外にも遊離塩素の弱点はあります。浴槽水中に遊離塩素の**消毒阻害成分**が含まれていると、やはり消毒力が落ちてしまうという点です。遊離塩素の消毒阻害成分として代表的なのは、浴槽水中の**アンモニア性窒素（NH_4^+-N）**です。遊離塩素と反応して**結合塩素**が生成され、本来次亜塩素酸により期待される消毒力に比べると、その消毒力は減弱してしまいます。厚生労働省が発出するマニュアル[38]には、浴槽水中にアンモニア性窒素が 1 mg/L 以上含む場合を、遊離塩素消毒に問題が生じる目安の濃度として例示されていますが、1 mg/L 未満であっても消毒力は減弱するため、十分な注意が必要です。

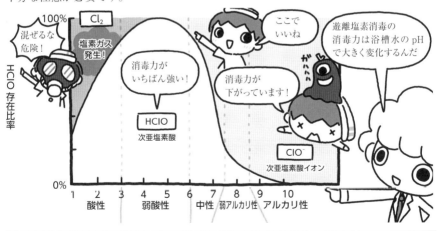

38　厚生労働省が発出する「**循環式浴槽におけるレジオネラ症防止対策マニュアル**」（平成 13 年 9 月 11 日健衛発第 95 号 厚生労働省健康局生活衛生課長通知令和元年 12 月 17 日改正）には、「アンモニア性窒素を 1 mg/L 以上含む場合は、遊離塩素を検出するまでには、多量の次亜塩素酸ナトリウムの投入（**ブレークポイント処理**）を必要とし、現場での濃度調整の困難さや、消毒臭気、消毒副生成物の問題も生じるため、アンモニア性窒素を含む温泉浴槽水の消毒には、濃度管理が容易で、充分な消毒効果が期待できるモノクロラミン消毒がより適しています。」との記載があります。

モノクロミランによる消毒というのは、どのようなものでしょうか？

普及が注目されている新たな消毒剤。遊離塩素消毒の弱点であるアルカリ性の温泉、アンモニア性窒素が多い温泉におすすめ。

現在、浴槽水の消毒方法として広く用いられている**次亜塩素酸ナトリウム**の添加による**遊離塩素消毒**ですが、浴槽水の **pH** や**アンモニア性窒素**などによって、その消毒力が大きく減弱してしまいます。**アルカリ性**や**アンモニア性窒素**を多く含む温泉水は、全国的に見ても決して少なくはありません。そういった温泉水を適切に消毒するために、遊離塩素に代わる消毒方法が求められてきました。

そのような流れの中で、新たに開発、実用化された消毒剤が**モノクロラミン**です。モノクロラミンは、**結合塩素**の一種です。実地で次亜塩素酸ナトリウムに**アンモニウムイオン** [39] を反応させることによってモノクロラミンを生成させ、浴槽水に添加します。この添加作業を手投入で行うこともできますが、多くの場合は自動添加装置によって行われます。モノクロラミン消毒は、国内外で水道水の消毒にも使われている消毒技術ですので、人体への安全性も確認されています。

モノクロラミン消毒の長所は、遊離塩素にあるような **pH 依存性**が低いこと、温泉水中にアンモニウムイオンを含むさまざまな成分が含まれていても、それによって消毒が阻害されるというようなことが少ないことが挙げられます。

また、**遊離塩素**はそもそも化学的に不安定な成分なので、入浴客の多寡など、状況によっては濃度がなかなか安定しないことがあります。一方、モノクロラミンは、遊離塩素に比べて安定で、浴槽水中のモノクロラミン濃度を比較的容易に維持させることができます。加えて、遊離塩素消毒にあるような「プールのような匂い」である**塩素臭**が、モノクロラミン消毒ではほとんどありません（→ p.76）。

逆に、モノクロラミンの弱点としては、現時点ではまだ、遊離塩素消毒よりもコストがかかることでしょう。施設のバックヤードに自動添加装置を設置する初期コストに加えて、消毒剤も次亜塩素酸ナトリウムに加えて、アンモニア剤が必要となるため、ランニングコストも相応に増えます。

また、モノクロラミンは、レジオネラ属菌に対する消毒に効果的であることに疑いはありませんが、一方で、モノクロラミン消毒を行う浴槽水において、例えば**非結核性抗酸菌**の一種である**ミコバクテリウム属菌**（*Mycobacterium* spp.）などの他の雑菌

39　具体的には、**塩化アンモニウム**や**硫酸アンモニウム**の溶液が、**アンモニア剤**として使用されます。

の増殖が見られた実地試験の結果が、いくつか報告されています[40]。これらの雑菌への対応も重要であり、そのことにも貢献する浴槽や循環配管などの定期的な洗浄や消毒は、モノクロラミン消毒下においても欠かすことはできません。

　具体的には、**循環配管**に、5 ～ 10 mg/L（ppm）、可能であれば 20 mg/L（ppm）程度の高濃度の消毒剤を加えた浴槽水を定期的に循環させたり（**高濃度消毒**）、**過酸化水素**や**過炭酸ナトリウム**などによる**配管洗浄**を定期的に行ったりすることにより、**バイオフィルム**の除去などを含む定期洗浄を行うことが有効です。

　これらの定期洗浄をしないと、レジオネラ属菌を含むさまざまな雑菌が生成するバイオフィルムが大きくなってしまいます。バイオフィルムとは、配管内部におけるぬめりのことで、このバイオフィルムの中に潜り込んだ微生物は、モノクロラミンや遊離塩素の消毒に抵抗します。一旦バイオフィルムが生成されてしまうと、浴槽水に含まれる濃度レベルの消毒剤では殺菌できなくなるため、バイオフィルムが大きくなる前の定期的な配管洗浄が必要となるのです。

　中性や弱酸性でかつ、消毒阻害成分の含有も少ないような温泉水を遊離塩素消毒している施設で、特に現状で問題がない場合は、おそらくそのままの消毒方法で支障はないかもしれません。ただ、遊離塩素消毒の弱点とされている化学的特徴を持つ温泉水、例えばアルカリ性やアンモニウムイオンを多く含む温泉水などでは、一度、モノクロラミン消毒の導入を検討されてみてはいかがでしょうか。

モノクロラミン消毒には「プールのような匂い」は
しないのでしょうか?

モノクロラミン消毒には、ほぼ**塩素臭**は出ないものと考えられています。

モノクロラミンの生成時の混合比が適切でなく、**ジクロラミンやトリクロラミン**という副生成物ができてしまうと、不快な臭気が発生してしまいます。ジクロラミンやトリクロラミンが生成されないように、**次亜塩素酸ナトリウムとアンモニウム剤**を、自動注入装置などを使って上手く混合することが必要です。

遊離塩素消毒からモノクロラミン消毒に転換すると、
コストは上がるのでしょうか?

遊離塩素消毒の場合は、次亜塩素酸ナトリウムを一定量添加するだけで済みますが、**モノクロラミンは現地で次亜塩素酸ナトリウムとアンモニウム剤**(**塩化アンモニウムや硫酸アンモニウム**)を混合する必要があります。このため、モノクロラミン自動添加装置の初期コストと、アンモニア剤を含めたランニングコストがプラスされてきますので、現状では遊離塩素消毒よりは、どうしてもコストは上がると考えた方が良いでしょう。

ただ、どうしても遊離塩素消毒で十分な消毒が難しい温泉を使用する施設では、安全性の確保という大きな見返りがあります。モノクロラミンの普及に伴って、今後、コスト低下の方向に進むことが期待されます。

モノクロラミン消毒には弱点はないのでしょうか？

　どんな消毒剤にも長所と短所があります。遊離塩素の弱点を**pH依存性**とするなら、**モノクロラミン**の弱点は、まずは現時点では遊離塩素消毒よりはコストが高い、という課題があります。コストの上昇幅は、温泉水の**化学成分**や施設の**運用状況**、入浴客の多寡などによって大きく変わります。実際に導入される際には、十分なコスト面の検討が必要です。

　さらに一部の**レジオネラ属菌**以外にはモノクロラミンに一定の消毒抵抗性を持っている細菌が存在すると考えられており、これらの細菌の増殖は、ひいては**レジオネラ属菌**の増殖の一因になりかねません。

　モノクロラミン消毒を導入するしないに関わらず、これらの細菌の増殖を抑えるには、現状では**配管洗浄**や**高濃度洗浄**（→ p.78）をしっかりと定期的に行う、ということに尽きます。

塩素消毒には「全塩素」「結合塩素」「遊離塩素」など、いろいろな塩素の種類があるようなのですが、その違いはなんですか？

　まず**遊離塩素**（遊離残留塩素）は、**次亜塩素酸ナトリウム**の添加などにより生成される、**次亜塩素酸**（$HClO$）や**次亜塩素酸イオン**（ClO^-）をはじめとする消毒成分のことです。「**有効塩素**」、「**残留塩素**」も同じ対象を意図されることが多いのですが、厳密には後述の**結合塩素**や**全塩素**も含む場合があり得るので、前後の文脈に注意を要します。

　結合塩素は、遊離塩素と**アンモニア性窒素**が反応して、化学的に結合した塩素の消毒成分です。浴槽水には、温泉由来と入浴者由来の多少のアンモニア性窒素が含まれており、遊離塩素はこれらと結合して、結合塩素になります。結合塩素には、**アンモニウムイオン**と結合してできる**モノクロラミン**と、有機態窒素と結合してできる**有機クロラミン**があります。前者のモノクロラミンは消

毒効果が期待できますが、後者の有機クロラミンはあまり消毒効果が期待できません。

　遊離塩素よりも結合塩素の方が消毒力は低いので、この反応がひいては消毒力の減弱につながってしまうわけですが、意図的に遊離塩素とアンモニウムイオンを反応させて、結合塩素として安定的に消毒しようという方法が、**モノクロラミン消毒**です。

　なお、モノクロラミン消毒時に、塩素が過剰になり、アンモニウムイオン（アンモニア性窒素）が不足すると、結合塩素の一種で臭気を伴う**ジクロラミン**や**トリクロラミン**も生じます。モノクロラミン消毒時には、有機クロラミン、ジクロラミン、トリクロラミンの生成を避けますので、モノクロラミン消毒下の結合塩素濃度は、実質的に**モノクロラミン濃度**と等しいと考えて差し支えありません。

　全塩素は、上述の全ての塩素系の化合物をあわせたものを指します。**DPD法**には遊離塩素と全塩素を測定する試薬があり、全塩素濃度から遊離塩素濃度を差し引きすることで、結合塩素濃度を算出できます。さらに厳密な測定値を得たい場合は、**インドフェノール法**を使うと、結合塩素のうち、有機クロラミンを除いた、モノクロラミン濃度を測定することができます。

高濃度洗浄とは何ですか？

　浴槽水の消毒は、遊離塩素濃度 0.4 mg/L（ppm）程度、あるいはモノクロラミン濃度 3 mg/L（ppm）程度に維持するのが通常ですが、それだけでは**バイオフィルム**内の細菌など、消毒剤に抵抗する細菌を除去しきれません。

　そこで、営業時間外に定期的に遊離塩素やモノクロラミンを浴槽水消毒の数倍から数十倍（5〜10 mg/L（ppm）程度、可能であれば 20 mg/L（ppm）程度）まで濃度を高くして浴槽水を循環させ、ろ過器を逆流洗浄したり配管の洗浄を行ったりします。この高濃度浴槽水消毒＋ろ過器逆流洗浄のことについて、**高濃度洗浄**と呼ばれることがあります。

　厚生労働省が定める「循環式浴槽におけるレジオネラ症防止対策マニュアル」（→ p.73）では、この高濃度洗浄を1週間に1回以上行うことが推奨されてい

ます。高濃度洗浄は、消毒剤の接触時間も重要な要素ですので、営業時間外にオーバーナイトで循環させ、十分な消毒時間を確保することも、有効です。

バイオフィルムとは何ですか？

細菌が形成する**生物膜**のことです。

バイオフィルムの身近な例として、台所の三角コーナーにできるぬめりが挙げられます。バイオフィルムは細菌の集合体なので、その中に隠れた**細菌**は、消毒に強い抵抗性を持つことが知られています。

　例えば、浴槽水の遊離塩素消毒は 0.4 mg/L（ppm）程度に維持する規定となっています。浴槽水中に浮かんでいる細菌（**浮遊性細菌**）であれば、この濃度で消毒できますが、バイオフィルムの中に隠れている細菌は、その数倍から数十倍の濃度でしか消毒できなくなってしまいます。

　循環ろ過の衛生管理上、そもそもバイオフィルムが形成されないようにすることが重要です。浴槽のブラッシングなど物理的洗浄のほか、定期的な**高濃度洗浄**や**配管洗浄**が有効です。

「循環ろ過」では、温泉水の中に溶け込んだ成分はきれいにならないのですか？

そもそも**ろ過**というのは、液体の中に混ざっている固形物を分離することです。つまり、液体の中に溶け込んでいる成分は、残念ながら除去できません。このため、厚生労働省が定める「公衆浴場における衛生等管理要領等」（→ p.68）では、「毎日完全に換水して浴槽を清掃すること。ただし、これにより難い場合にあっても、1週間に1回以上完全に換水して浴槽を清掃」が推奨されています。

　このことから、循環ろ過をしている温泉浴槽水も、少なくとも週に1回以上、完全に浴槽水を捨てて、新しい温泉水にすることが重要です。

まれに、浴槽に少量の温泉水を入れ続けて、あふれるオーバーフロー水を捨てて、循環ろ過をしていないとする施設があります。確かにオーバーフローによって浴槽水中の溶存態の汚れは少し薄まるのですが、**レジオネラ属菌**をはじめとする微生物学的な汚染は指数的に増殖するので希釈が追い付かず、この方法では微生物学的な汚染の改善は期待できません。

　やはり1週間に1回以上は完全に換水することによって、浴槽水に溶け込んだ汚染も、微生物学的な汚染も、定期的にリセットすることが重要です。

　遊離塩素濃度はどのような方法で測定すると良いですか？

　遊離塩素濃度の測定方法にはいくつかの方法がありますが、最も広く使用されているのは**DPD法**（N, N-ジエチルパラフェニレンジアミン法）という方法です。DPD試薬を入れると、遊離塩素と反応して赤紫に発色します。

　DPD法の遊離塩素濃度測定で注意すべき重要な点があります。それは反応時間を守ることです。DPDの測定キットには、試薬を入れてから、数秒後の色を見る（測定する）といったような説明が、説明書に書かれているはずです。

　試薬を入れてからすぐに発色の度合いが変化します。DPD法は時間の経過で徐々に発色が進みますので、規定の反応時間を遵守し、濃度を過大に評価しないことが重要です。

　モノクロラミンはどのような方法で測定すると良いですか？

　浴槽水の**モノクロラミン測定キット**もいくつか販売されています。例えば、ある測定キットでは、浴槽水に反応試薬を入れると、**モノクロラミン濃度**に従って緑色に発色し（**インドフェノール法**）、一定の反応時間（5分程度）を待って測定をする、というものなどがあります。

　ただ、**モノクロラミンを直接測定するインドフェノール法試薬には、シアン

系の毒物が使用されているものがあり、購入にも、保管や取扱い、廃液にも厳格な管理が求められます。

　そういう試薬を使いたくない、あるいは使えないという場合は、適切な消毒が行われている浴槽水中のモノクロラミン濃度であれば、**全塩素濃度**とほぼ近似できますので、DPD 法の全塩素濃度測定用の測定キットを使用するという方法があります。日常的な管理には、こちらの方法が適当であろうと思われます。

良い温泉を
掘り当てるには？

この前、できたてホヤホヤの
新しい温泉に行ってきたよ。

へえ。新しい温泉施設がオープンしたのね。

そう。ちょっと前まで温泉掘削の
ボーリング工事をしていたんだよ。

新しく温泉を掘ったのね。

そう。その温泉掘削が成功して、
いい温泉が当たったんだって。

　オンくんが、新しくできた温泉施設に行ってきたようです。家の近くに、新しい温泉ができるなんて、なかなかうれしいニュースですね。

　近年は、温泉の掘削工事によって、都市部や市街地に、新しい温泉ができることが珍しくなくなりました。

　このセクションでは、どのようにして温泉が地下に作られ、それがどのようにして汲み上げられて使われていくのか、一緒に学んでいきましょう。

最近は市街地での温泉掘削が増えています。
どうして市街地でも温泉が出るのでしょうか？

1 km 以上深く掘って、
あたたかい深層地下水を汲み上げているからだよ。

　近年は市街地、すなわち人口密集地での温泉開発が増え、**日帰り温泉施設**も増えました。温泉は山間の自然豊かなのどかな場所にあるもの、というような温泉に対するイメージが随分と様変わりしたように思います。

　1960 年後半くらいまでは、そもそも温泉井戸の掘削といっても、掘削深度はせいぜい数メートル程度（いわゆる**浅井戸**）で、深度が深くなったとしても 100 m 程度（いわゆる**深井戸**）でした [41]。

　現代における市街地での温泉開発は、その多くが**深層ボーリング**をして、**深層地下水**を汲みだしています。このような温泉開発の掘削深度は、1,000 m から 2,000 m くらいであり、従前の浅井戸、深井戸とは、掘削深度が大きく異なります。一般に、掘削深度 1,000 m より深い温泉のことを、**大深度掘削泉**と呼んでいます [42]。

　なぜ温泉を求めて、地下深くまで掘削工事をするのでしょうか。最も大きな理由としては、高い泉温を持つ温泉水を獲得するためです。

　鉱山で地下数百メートルもの坑道で働くつるはしを持った鉱夫をイメージしてみてください。たいてい、半裸かタンクトップといった真夏のような格好で、大量の汗をかいている姿をイメージするのではないかと思います。厳しい肉体作業で汗をかいている面もありますが、それだけではなく実際に真夏のように暑いのです。我が国の**非火山性地域**は 100 m 深くなるごとに 3℃ 程度上がるくらいが平均的とされています。坑道が地下 500 m だったら、気温が 15℃ としてもそれから 15℃ 上がって 30℃ に、800 m だったら 24℃ 上がって 39℃ になります。つまり坑道の中は、真夏と同じような気温になっているはずなのです。

　暑くなるのはもちろん人間だけではありません。そこに地下水があった場合、その地下水も同じように温められます。例えば、地下深度 1,000 m だったら 30℃ 上がって水温は 45℃、1,500 m だったら 45℃ 上がって水温は 60℃ になっているはずです。このように、地下深く掘削することによって、地上で燃料をわざわざ使って温める必

41　掘削孔に**掘削泥水**を流し込みながら、人力で鉄管を打ち付け、掘り進めていく**上総掘り**と呼ばれる掘削方法により、19 世紀後半から 20 世紀前半にかけて、全国的に深井戸による温泉が増加しました。

42　1960 年後半から 1970 年頃に、掘削深度 1,000 m を超える温泉井戸、いわゆる大深度掘削泉が登場しました。大深度掘削泉の端緒ともされる三重県桑名市の長島温泉の成功事例が、その後の温泉開発に大きな影響をもたらしたといわれています。

要のない、入浴に申し分のない高い温度の温泉水を獲得することができるのです。このように地下深度が深くなることによって地温が上がることを**地温勾配**、その温度上昇率を**地温増温率**といいます。

　一般に、温泉のボーリング工事では、数か月をかけて、1,000 m から 2,000 m 近くもの掘削が行われます。地下深層に**帯水層（湯脈）**の存在が期待されるポイントで、**掘削孔**に**掘削泥水**を流し込みながら、**トリコンビット**で、鉛直方向に 1,000 m から 2,000 m と掘り進めていきます。

　開発した温泉井戸で、継続的に温泉水を揚湯し続けられるかどうかは、その地下深層に良質な**温泉帯水層**が存在することが前提となります。深層掘削してもそこに十分な地下水が見当たらない場合もあり、地下 1,000 m も掘削したのに温泉がとれず、そのまま掘削孔を埋め戻してしまった、というような残念な事例もあります。もちろんそのような温泉掘削の失敗がないように、大深度掘削をする前にそこに地下水があるかどうかを**電気検層**などの事前探査を行って調べるわけですが、ただ、掘削してみるまで、また実際に揚湯してみるまで、温泉帯水層が本当に良質かどうかを判断するのは難しい、というのも事実です。

　このような深層掘削技術の発達と普及のおかげで、これまで**温泉兆候**のなかったような市街地においても、**温泉開発**が進められるようになりました。これから市街地で増えていく温泉の多くは大深度掘削泉であり、水中ポンプを使った**動力揚湯泉**といっても良いでしょう。

　温泉はこれまで「自然からの贈り物」というようなイメージが強いものでしたが、現代ではむしろ「科学技術の成果物」というような側面が強くなったように思われます。

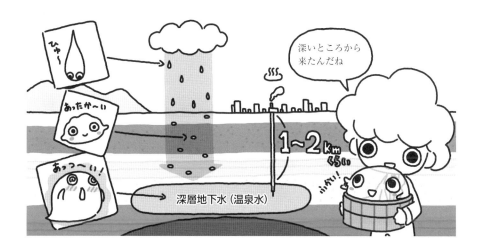

温泉井戸の中で、温泉水は地下何mくらいのところまで来ているのでしょうか？

場所による。地下水が豊富な場所は浅いところまで地下水はあるし、そうでなければ、ものすごく水位が低くて、汲み上げに苦労するんだ。

　我々が立っている地面のその下というのは、土や岩だけでできているように思われるかもしれませんが、実は相当な量の**地下水**も潜んでいます。このため、地下深くまで穴を掘っていくと、その穴に地下水が浸みだしてくるはずです。

　地下水が地下何mから下にあるという水位のレベルのことを、**地下水位**といいます。また、自然状態の地下水位のことを**静水位**といいます。

　地下水位が何mになるかは、その地域の**地形**、**地質**によって大きく異なります。例えば山の斜面に近く、山に降った雨水が地下に浸透して、地下水の通り道になっているような地域では地下水量が豊富ですので、数m掘るだけですぐに地下水が出てくる、というような地域もあります。そのような地下水を含む地層のことを、総じて**帯水層**といい、さらに**不透水層**に挟まれて、水圧が高くなった帯水層を、特に**被圧帯水層**と呼びます。

　極度に地下水量の豊富な地域になると、**地下水位**がマイナスの値になります。地下水位がマイナスの状態をイメージできるでしょうか。地下水位がマイナスになるということは、すなわち、地面が地下水の全量をついに保持できなくなって、地面よりも上に地下水が噴出している状態です。つまりこの状態は、**自然湧出**あるいは**自噴**と呼ばれる現象を示しています。

　環境省の統計によると、全国における全ての温泉の中で自噴している源泉数ベースの割合（自噴率）は、1998年度には30.5%でしたが、2018年度では27.8%まで減少してしまいました。また、湧出量ベースでも33.7%（1998年度）から26.8%（2018年度）まで減少しています。これらの背景には、新たに開発される**動力揚湯泉**の増加が要因のひとつとも考えられますが、自噴に必要な、地下の被圧帯水層の存在がそもそも減少していることも一因としてあるのではないかと推測されます。

　一方、増加傾向の**動力揚湯泉**についてですが、動力揚湯泉では、温泉開発時には静水位よりも下まで温泉井戸を掘削することになります。なぜなら、掘削後、その静水位よりも（後述の動水位よりも）下に**水中ポンプ**を設置し、汲み上げ（**揚湯**）を行うためです[43]。

　水中ポンプを一定の出力で稼働させると、その揚湯量の分だけ地表に水を移動させ

43　温泉の動力（水中ポンプ）を設置するには、温泉法第11条による許可が必要です。

ることになりますので、地下水位は若干下がります。ただ、その帯水層には新たな温泉地下水の供給があるはずなので、水中ポンプを稼働した状態を維持しても、その需給バランスが一致した深度で、水位が安定することになります。その安定水位を**動水位**と呼び、動水位は「揚湯量 ○ L/min のとき、動水位が ○ m」という形で表現されます。水中ポンプの設置前には、揚湯量を5段階程度で徐々に上げていき、それぞれの動水位とその水位の安定性をモニターし、その温泉井戸がどの程度、揚湯できる能力のある温泉井戸なのかを試験により明らかにします。この試験を**段階揚湯試験**といいます。

　その需給バランスがとれなくなるほどの水中ポンプの出力を上げてしまった場合、帯水層への地下水の供給が追い付かなくなり、動水位が下がり続ける、という現象が起こります。段階揚湯量試験では、水中ポンプの出力を意図的に上げてみて、この動水位が下がり続ける揚湯量、つまりその温泉井戸の**限界揚湯量**を実地データから求めます。

　さらに、一定の揚湯量で数日間水中ポンプを稼働し続け、それでも動水位が低下しないことを確認する**連続揚湯試験**、またその後にまた試験前の静水位まで水位が戻るかどうかを確認する**水位回復試験**も行われます。

　この、段階揚湯試験、連続揚湯試験、水位回復試験をあわせて**集湯能力試験**と呼び、温泉法に基づく**動力装置許可**の際に、この試験結果をもとに、その温泉井戸の揚湯能力である限界揚湯量を求め、安全係数を乗じて**許可揚湯量**が算出されます。

　温泉開発時におけるこれらの試験を通じて、その個別の温泉井戸がどの程度揚湯可能な温泉井戸なのかを知り、その温泉井戸の能力に応じた揚湯量を遵守することこそが、その温泉井戸を持続的に利用するための最も近道といえます。

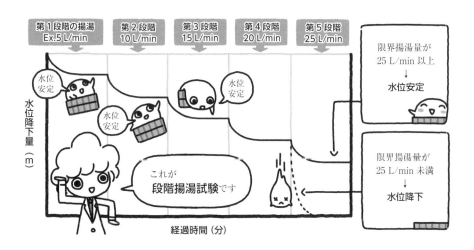

地下深くから汲み上げられる温泉水は、もとをたどれば一体何の水なのでしょうか？

過去の雨水やマグマ起源の水、海洋プレートの沈み込みに伴う脱水流体など、さまざまなんだ。

　温泉水はどこから来ているのか。すなわち、**温泉水の起源**は一体何か。これはなかなかロマンのある問題です。地下深部で温泉水が何を起源としていて、どう挙動しているのは、温泉科学者、地球化学者にとって、最も興味深い研究課題のひとつですし、**温泉資源保護**や**持続的活用**を考えるうえでも、非常に重要な知見です。

　その課題を考えるときに、よく指標として利用されるのが**酸素・水素安定同位体**です。

　同位体というのは、同じ**原子番号**でありながら、**中性子**の数が異なるために**質量数**が異なる核種を指します。たとえば**酸素原子**で考えてみましょう。化学の教科書では、通常、酸素原子の質量数は 16 と習います（これを ^{16}O と表記します）。でも実際は、天然の ^{16}O の存在比は99.8%で、確かに酸素原子の大部分は ^{16}O ということなのですが、それ以外の質量数の酸素原子（つまり ^{17}O や ^{18}O）もわずかながら存在しています。

　同じことが**水素原子**にも言えます。教科書では、通常、水素原子の質量数は 1 と習います（これを ^{1}H と表記します）。実際に、天然に存在する水素原子の 99.9% は ^{1}H ですが、実際にはわずかながらも他の質量数の水素原子（^{2}H や ^{3}H）も存在します。

　これらの同位体は、基本的には同じ元素なので、化学物質としての挙動はほぼ同じなのですが、質量数がわずかに異なるので、例えば、液体としての水が気体としての水蒸気に変化する時など、軽い同位体（^{1}H や ^{16}O）の方が、他の同位体（^{2}H、^{3}H、^{17}O、^{18}O）に比べて少しだけ水蒸気に移行しやすい、というような、とてもわずかな挙動の違いがあります。この挙動の違いによって同位体比が変わることを**同位体分別**といい、この同位体の性質を利用すると、その温泉水がどのような挙動を経てきたのか、をある程度推測することができるのです。

　この ^{18}O と ^{16}O の比と ^{2}H と ^{1}H の比を**標準海水**（SMOW）の分析値で規格化して、グラフにしたものが**δダイアグラム**（デルタダイアグラム）です。温泉水の**酸素同位体比**や**水素同位体比**を測定し、このδダイアグラムにプロットします。δダイアグラムには**天水線**（Meteoric water line）と呼ばれる線があり、雨や雪などの天水、また天水をもとにした川や湖の水は、およそこの線状にプロットされる、ということが知られています[44]。つまり、その温泉水が天水線上にプロットされた場合、その温泉水

44　Craig（1961）.

は過去に降った雨水が地下に浸透し、今は温泉水となっている、ということが推定できます[45]。こういった起源の水のことを、**天水起源**と言います。

　また、δダイアグラムの原点にプロットされると、**海水**の同位体比に近くなります。したがって、その温泉水が原点付近にプロットされた場合は、過去の海水（**古海水**、**化石海水**といいます）、または現世海水が混合されたものということが推定されます。

　さらに、天水線や原点とは全く異なるエリアにプロットされると、その温泉水は、**マグマ水**（マグマに含まれる水。マントル起源の水も含まれることがあります）や**スラブ脱水流体**（海洋プレートの沈み込みによって生じた水）など、さらに特殊性に富んだ、より地下深部を起源とする流体である可能性を考えることになります。

　ちなみに三重県内の温泉は、ほとんどの温泉水が天水起源、すなわち、過去の雨水が地下に浸透して、温泉水になっていることがわかっています。これは三重県が、ある程度の山地と雨量のある地下水が豊富な地域であること、また火山のない地域であり、地下に**マグマ性熱水**が少ないことがその理由と思われます。ただ一方で、県の中央部を横断する**中央構造線**付近には、地下深部起源流体の可能性を感じさせる温泉水も存在しており、温泉水の生成起源は実にさまざまであることを考えさせられます。

　なお、こういった温泉水の起源や挙動の推定は、温泉資源の保全、つまり、その温泉井戸がどれくらい汲み上げても枯渇しないのか、などといった問題を考えるときに、非常に役に立ちます。こういった観点からの研究成果は、温泉の持続的活用の観点からも重要な情報ということができます。

45　どれくらい過去に降った雨水かということも同位体や化学物質などを使って調べることができます。例えば以前は、大気圏核実験由来**トリチウム**濃度を使って年代測定をする方法が盛んに論文になりました。最近は一時期使用されて、現在は使用されなくなったフロン濃度を活用する方法などの報告が見られます。

日本は温泉大国だということですが、その中でも
温泉が多い地域とそうでない地域があります。
この違いはなぜでしょうか？

火山に起因するマグマや地熱などの熱源や、断層
など、さまざまな地質的環境の違いによるんだ。

　日本は、豊富な**温泉資源**に恵まれた世界有数の温泉大国です。環境省の統計[46] によると、全国で 27,261 の源泉から、毎分 2,516,461 L の温泉水が湧出しています。この量は、1 日に 1,800 万もの家庭用浴槽を満杯にするほどの量に相当します。さらに全国には 12,871 の**温泉宿泊施設**が存在し、これらの施設への 1 年間の延べ宿泊利用人数は、130,579,095 人ということで、ほぼ日本国民の人口と同数の人々が、年に 1 回程度、温泉宿泊施設に宿泊している計算になります。

　日本が温泉大国である理由は、日本列島が**環太平洋火山帯**に位置し、マグマによる**火成作用**が温泉の**熱源**となる範囲が広範囲に広がっていること、また**断層面**にある**断層破砕帯**のような**透水性**の大きい部分が温泉水の地上への**通路**となることなど、日本列島が、温泉開発に有利な地質学的条件に恵まれている点が大きいためと考えられます。

　では、全国の**源泉数**はどのような推移を示しているのでしょうか。源泉数、すなわち地表における温泉水の湧出口の数は、2006 年度の 28,154 源泉をピークに微減傾向となっています。地方別に見ると、突出して源泉数が多いのが九州地方（沖縄含む。以下同）で、2006 年度には 10,332 源泉で、全体の 36.7% が九州地方に集中しています。なお、源泉数の多い地方は、九州地方の後、中部地方、東北地方が続きます。

　同じく全国の源泉の**総湧出量**を見ると、2007 年度に記録された毎分 2,799,417 L をピークに、やはり年々低下傾向にあります。地方別に見ると、源泉数と同様、総湧出量も九州地方が最も多く、ピークの 2007 年度には毎分 776,121 L を記録し、全体の 27.7% が九州地方から湧出している計算になります。なお、総湧出量の多い地方もまた、九州地方の後、中部地方、東北地方が続きます。

　以上のことから、少なくとも新規の温泉開発に限っては、2006 年度から 2007 年度あたりをピークとして、一定の区切りを迎えたという解釈で間違いはなさそうです。すでに温泉地の源泉数や総湧出量も頭打ちとなっており、新規の温泉開発の一方で、既存温泉の維持の段階にも入っているものと見られます。

　次に、1 源泉当たりの湧出量から、温泉規模の経年変化について考えてみましょう。全国のデータを対象に、1 源泉あたりの湧出量を計算すると、最大値を示した 1998

46　2019 年 3 月末集計分

年度の毎分113.44 Lから減少し続けており、2018年度には毎分97.19 Lまで減少しています。これにも様々な理由はあるかと思われますが、全国的な温泉の小規模化に加えて、経年的な汲み上げに伴う揚湯量の減少といった可能性が考えられます。

　さらに、温泉の揚湯量には、各地方の特徴がよく出ています。1源泉当たりの湧出量（2018年度）を地方別に見ると、東北地方が最も多く（毎分123.86 L）、源泉が圧倒的に多い九州地方が、1源泉当たりの湧出量にすると最も少ない（毎分73.40 L）のです。東北地方も九州地方も、**火山フロント**が通る**地熱地帯**であることは共通していますが、その湧出状況には大きな違いがあるようです。例えば、東北地方の**玉川温泉**(秋田県)の大噴源泉は毎分9,000 Lという単独源泉としては日本一の湧出量ですが、一方、九州地方の**別府温泉郷**は、市内の火山麓扇状地に約2,300か所の源泉に分散されています。玉川温泉のように、少数の地表湧出口から大量の温泉水が湧出する温泉地がある一方、別府温泉郷のように**断層**沿いに並ぶ多数の地表湧出口から温泉水が湧出している温泉地もあるなど、全国各地の温泉地には、それぞれの湧出状況の違いがあるということがいえます。

　最後に、温泉の泉温に着目して、各地方別の特徴を見てみましょう。全国の温泉の泉温分布から、①**冷鉱泉**が多く、**高温泉**が少ない地域（近畿・中国・四国）、②冷鉱泉が少なく、高温泉が多い地域（北海道、東北、九州）、③その中間的な地域（関東、中部）の三つのエリアに分けることができます[47]。②のエリアに共通することは、火山フロントに位置し、火山を熱源とする火山性温泉が数多く分布することです。このような地域では、**火山性物質**に起因する**硫黄泉**や**酸性泉**の割合が高く、泉質にもその地方の特徴が表れています。

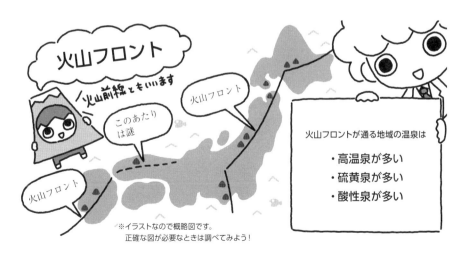

47　森・井上（2021）。

温泉施設で天然ガスの爆発事故があったと聞きました。

天然ガスが多い地域で温泉掘削や汲み上げをすると天然ガスが噴出する。安全な場所で大気放出されているんだ。

　温泉揚湯の際、温泉水だけでなく、**メタン**（CH₄）などの**可燃性天然ガス**を主成分とする**温泉付随ガス**と一緒に汲み上がることがあります。この温泉付随ガスを原因とした爆発事故が、しばしば発生しており、なかでも2007年（平成19年）6月に東京都渋谷区の温泉利用施設で発生した事故は、大きく報道されました。この事故によって、施設の屋根が吹き飛ばされるほどの大きな被害があり、3人もの犠牲者が出ました。この爆発事故の原因物質として推定されているのは、温泉の揚湯の際に、温泉とともに湧出した温泉付随ガスに含まれる可燃性天然ガスです。爆発事故が発生した地域は、**南関東ガス田**と呼ばれる地域にあり、主にメタンを中心とする**天然ガス**が多量に存在することが知られています。

　南関東ガス田は、我が国最大の**天然ガス田**ではありますが、全国的に見ると、天然ガス田の存在自体は決して珍しいものではなく、全国にガス田は点在しています。このことから、温泉付随ガスの爆発の危険性は、広く警戒されるべきといえます。

　温泉付随ガス中のメタンによる**爆発リスク**は、温泉の**深層掘削技術**の進展と深い関係があります。温泉井戸が深層化した現在では、新たに開発される温泉は、そのほとんどが**大深度掘削泉**ですが、地下深層では温泉水は高圧環境下にあるため、メタンは温泉の中に溶け込んでいます。これが人為的に水中ポンプにより揚湯され、温泉水が高圧条件から解放されると、メタンは**遊離ガス**（あぶく）となって、地表に湧出することになります。

　このため、もちろん地質にもよりますが、**掘削深度**が深い温泉は、温泉付随ガス中に**メタン**が含まれることが多い傾向があります。特に天然ガス田に大深度掘削泉を開発することは、地中に存在するガスリザーバと地表との通路を、人為的に作ることであるともいえます。つまり、可燃性天然ガスがたまった地層から温泉水を汲み上げようとすると、まるでパンパンにふくらんだ風船を針で破くように、メタンを多量に含んだガスが地上に噴き出すことになるのです。

　先の東京都渋谷区の温泉利用施設における爆発事故を教訓として、2008年（平成20年）10月に改正温泉法が施行されました。この温泉法の改正によって、温泉開発にはさまざまな規制が設けられるようになりました。そこでまず、温泉を汲み上げている事業者に対して、可燃性天然ガスの分析[48]を行うことが義務付けられました。分析の結果、測定方法ごとに定められた基準値を超えた場合、温泉付随ガスに対する

対策（**ハード系対策、ソフト系対策**）を講じる義務が生じます。

　温泉付随ガスに対するハード系対策の中で、最も主要なものは、**ガス分離設備（ガスセパレータ）**の設置です。温泉付随ガスによる爆発事故の多くは、閉塞空間に可燃性天然ガスがたまってしまい、そこに引火することによって発生しています。温泉に**メタン**が多量に含まれている状態で湧出しても、それを安全な場所で温泉水とガスとを十分に分離して、その分離した可燃性天然ガスは大気に放出をしてしまえば、そのガスが閉塞空間にたまることもなく、爆発事故のリスクを限りなくゼロにすることができます。

　この温泉付随ガス中のメタンですが、見方を変えれば、天然ガス成分そのものでもあります。このため、可燃性天然ガス濃度の高い温泉では、これを**燃料資源**として有効活用する可能性も視野に入れることができます。例えば、北海道や千葉県、静岡県など、特筆して温泉付随ガス中の可燃性天然ガス濃度が高い温泉では、その温泉付随ガスからメタンを取り出し、燃料として活用している事例もあります。

　温泉付随ガスの燃料資源への活用は、なかなか途上の域を出ていないのは確かです。しかし、我が国の将来的なエネルギー問題を考えていくうえで、**地熱発電**や**温泉バイナリー発電**なども含め、温泉に関連するエネルギー問題に対する議論は、今後も続けられていくことになるでしょう。

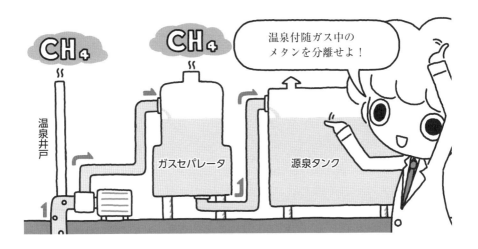

48　可燃性天然ガスの分析には、①**水上置換法**（基準値50%LEL）、②**槽内空気測定法**（基準値25%LEL）、③**ヘッドスペース法**（基準値5%LEL）の三つの方法があり、可能な測定方法を選択し、測定値を得ます。それぞれの基準値（％LEL）を超える測定値が得られた温泉は、温泉法の採取許可対象となります。

温泉の保護地域とは何ですか？

 通常、**温泉開発**を行うには、他の温泉との一定の距離をとったり、**集湯能力試験**による水位観察をしたりすることによって、温泉の過密化を防止し、温泉資源の**枯渇**や**泉質低下**の未然防止を図っています。

　しかし、それでも温泉の枯渇、泉質低下が広域的に進行している、あるいはそのおそれがある地域では、それ以上に温泉資源の保護を強化しなければ、温泉の**持続的活用**が難しくなります。

　そこで、温泉法を所管する行政部局が、そのような温泉資源の保護を強化する必要がある地域を予め設定しておき、その地域内での温泉開発や揚湯に一定程度の制限をかけることで対応することがあります。この予め設定される地域について、温泉の**保護地域**と呼ばれています。

 温泉が枯渇してしまったり、温泉成分が濃度低下の結果、温泉の規定を満たさなくなったりした場合、その温泉施設はどうすれば良いのでしょうか。

 いわゆる**自家源泉**が枯渇してしまった場合（→ p.35）でも、温泉の看板を外して、通常の公衆浴場として営業したりする選択肢はあるかと思われます。

　ただ、温泉をセールスポイントとしているような温泉施設では、そもそもこのような選択肢を選ぶこと自体難しい場合もあるかと思われます。他の温泉からタンク車などで**運び湯**をしたりして、なんとか「温泉施設」として継続する方法も、なきにしもあらず、というところでしょう。

そもそも温泉が枯渇しないようにするには、どうすれば良いのでしょうか？

温泉資源の**枯渇**を未然防止するための対策方法として、**「温泉資源の保護に関するガイドライン」**（環境省自然環境局　平成 26 年 4 月　令和 2 年 3 月更新）と**「温泉モニタリングマニュアル」**（環境省自然環境局　平成 27 年 3 月）を参考にすることができます。これらの文書で強調されているのは、とにかく温泉井戸の**モニタリング**の重要性です。**枯渇**や**泉質低下**により温泉の規定を満たさなくなった温泉も、実のところ、ある日突然枯渇したわけでなく、**pH** や**水位**や**泉温**などのさまざまな予兆的な変動を経てから枯渇、泉質低下に至ったものと考えられるからです。

モニタリングといっても、それほど難しいものではありません。泉温、pH、**電気伝導率**（EC　Electrical Conductivity）、地下水位（動水位、静水位）など、測定可能な項目をできるだけ高頻度に測定し、その記録をとっていくということをすれば、最低限の目的は十分に達せられます。その記録は、温泉開発後、数か月、数年、十数年と蓄積されることにより、非常に重要な価値を持ってきます。

人間が定期的に健康診断をするように、温泉井戸もモニタリングをして、現況を把握する必要があるということです。温泉旅館にとって、温泉が重要な商品である以上、その「品質管理」としての機能を果たすモニタリングを実施することは、これからの温泉施設の運営のために、非常に重要なことと考えます。

枯渇の予兆のある温泉井戸が資源回復のためにすべきことは何ですか？

多くの場合、温泉資源の枯渇は、**温泉帯水層**に供給される温泉水、温泉成分の量よりも過剰な量の揚湯を続けていて、その需給バランスが崩れたことが原因です。多くの場合、人為的に揚湯しなければ、**枯渇も泉質低下**もしなかったと考えられますので、一旦揚湯を停止してみることも効果的な対策のひ

とつかもしれません。それが難しいようであれば、揚湯量を減らすなど、現実的な可能性の中で、持続的な活用が可能な方法に転換を図っていくしか方法はありません。

特に、温泉の持続性は、その温泉帯水層の**地質**、**断層**、**湧出母岩**など、地質的要因に関係する帯水層への温泉供給能力に依存します（端的に言えば、これは「当たり外れがある」ということに他なりません）。

そもそも、帯水層への温泉供給能力の低い温泉帯水層から揚湯する場合、どのような対策を講じても、枯渇や泉質低下が進行することは避けられません。温泉開発段階から、その可能性を想定した上でのリスクヘッジも考えておく必要があるでしょう。

温泉資源の枯渇に向けた現状の取組に問題があるとするなら、それは何でしょうか？

温泉法では、多くの場合動力許可申請において**集湯能力試験**を行い、その試験結果をもとにして**許可揚湯量**が決定されます。この量は、温泉開発時に測定された、その時点での数字であるにもかかわらず、その許可揚湯量はその温泉井戸がそこに在り続ける限り、ほぼ永続的に使い続けることになります。この許可揚湯量が、果たして将来の温泉資源の状況に合致するのかは十分な検証がされていない、というような状況といわざるを得ません。

また、集湯能力試験は、温泉水の**揚湯量**と**水位**、すなわち単純な物理量のみで、その結果が評価されています。しかし温泉は、温泉の物理量だけでなく、化学量もまた重要な資源性を有しています。温泉の物理量と同様に、化学量の資源保護対策も重要であるといえるでしょう。

海の近くに浅井戸を掘削したところ、やたらと塩辛い地下水が湧いてました。これは塩類泉になるような気がするのですが、温泉になるのでしょうか？

結論から言うと、**現世海水**がそのまま引き込まれた地下水は、いくら温泉法の規定値を充足していても、温泉にはなりません。

温泉の規定値の中には「溶存物質（ガス性のものを除く）総量 1,000 mg/kg 以上」という条件があります。今回はその地下水は「やたらと塩辛い」とのことですので、おそらく**陽イオン**としては**ナトリウムイオン**、**陰イオン**としては**塩化物イオン**が多量に含まれているのでしょう。ちょっと味がするということではなくて、「やたらと塩辛い」レベルで含有されているわけですから、溶存物質総量は 1,000 mg/kg を超えているものと考えて良さそうです。

地下水でかつ、溶存物質総量 1,000 mg/kg を超えるわけですから、これは温泉になるのでは……と言いたいところですが、実は、**鉱泉分析法指針**の中で、「**海岸直近**で掘削された井戸における地下水の温度が25℃未満で、溶存物質が 1,000 mg/kg 以上の鉱泉（いわゆる塩類冷鉱泉）の場合、現世の海水を温泉と判定しないように注意すること。」という注意書きがあるのです。つまり、海岸直近の浅井戸で湧出する高塩分の地下水は、現世海水をそのまま引っ張ってきている可能性が高いから、それは温泉とは呼べない、ということを規定しています（この海岸直近における浅井戸に対する海水混入を**塩水化**と呼びます）。

ただ現実的には、この記載に基づく判断は、科学的にも、行政的にも非常に難しい判断になります。指針の中の「**海岸直近**」とは、果たして何 m 離れれば「直近」なのか、「現世の海水」とありますが、どれくらい昔の海水ならば現世海水でなくなるのか、そういった具体的な基準は、この記載からは読み取れません。

そこで、海岸直近の高塩分の地下水が温泉なのかどうなのかを判断する指標として、この指針では、①水の安定同位体比、②カルシウム・マグネシウム比（Ca/Mg）、③硫酸イオン濃度、④近傍の海水との成分比較、の4点を目安として挙げています。

水の安定同位体比は**δ ダイアグラム**による判断で、海水に近ければ原点付近

にプロットされます（→ p.88）。**カルシウム・マグネシウム比**は、海水が一般の地下水に比べて**マグネシウム濃度**が高いこと、また**硫酸イオン濃度**も同じく、海水は一般の地下水に比べて硫酸イオン濃度が高いことなどから、それを**海水混入**の指標に活用するというものです。例えば、一般的な**現世海水**には、硫酸イオンが 3,000 mg/kg ほど含まれているのですが、時間の経過になるにつれて変成し、硫酸イオン濃度はどんどん減少していきます。鉱泉分析法指針には「数 mg/kg 以下」とあるので、それくらいにまで硫酸イオン濃度が減少していれば、少なくともその地下水は現世海水とイコールではない、という判断として良いでしょう。

また、指針には記載はありませんが、そういった現世海水の影響を大きく受けた浅井戸の地下水位は、**海洋潮汐**（かいようちょうせき）に極めて高い相関を持ちながら変動していますので、その静水位の日間変動のデータがとれると、より詳細な議論が可能になるかと思います。

以上のことから、海岸直近の浅井戸から湧出するかなり塩辛い地下水は、温泉とは判定できない可能性が多分にあるといえそうです。

温泉の枯渇はどのように起こるのでしょうか？

温泉資源は限りがありますので、**枯渇**することがあります。

温泉の枯渇には大きく分けて二つの場合があり、単純に温泉水が出てこなくなるような**物理的枯渇**のケースと、揚湯水に含まれている温泉成分が少なくなって、温泉法の規定を満たさなくなる**化学的枯渇**のケースがあります。前者は、だんだんと**水位**が下がったり、水中ポンプの深度以下に水位が下がることでポンプが頻繁に揚湯不可となったりするなど、揚湯作業におけるさまざまな実害が、枯渇の兆候として起こります。後者の場合も、**pH** や **EC** などのモニタリング結果が変わってきたり、温泉分析書のデータが下がってきたりというようなことが起こります。

いずれにしても何らかの枯渇や泉質低下に至る兆候を見逃すことなく、地下水位や pH や EC の**モニタリング**を随時行い、大切な温泉資源を枯渇させないようにすることが必要です。

温泉付随ガスのメタンはどうしてできるのでしょうか？

　温泉と一緒に湧出する**メタン**の主要な起源のひとつは、**メタン生成菌**の働きです。これらの**細菌**が活動しやすい地質では、たくさんのメタンが生成されて地下にたまっているものと考えられています。

　地下の地層内などに生息するメタン生成菌が、何千年、何万年と活動することで、地層中にたくさんのメタンがたまっていきます。大量にメタンがたまった地層（ガス田）を掘削して温泉水を採ろうとすると、そのメタンが地上に噴き出すことになりますので、掘削時や揚湯時には十分な注意が必要となります。

なぜ、わざわざ「温泉付随ガス」というのでしょうか。「温泉ガス」ではダメですか？

　温泉付随ガスは、2007年に東京都渋谷区で起きた温泉施設の爆発事故を機に、改正された温泉法の中で、初めて法律上に出てきた言葉です。温泉法では第2条で「この法律で『温泉』とは、地中からゆう出する温水、鉱水及び水蒸気その他のガス（**炭化水素**を主成分とする**天然ガス**を除く。）で、…（以下略）」と定義されているのですが、この括弧書きにより、「温泉」の定義から、メタンをはじめとする炭化水素を主成分とする天然ガスが明確に除かれています。この条文における除外の理由は、**鉱業法**など、天然資源としての天然ガスに関連する法令との重複規制を避けるためとされています。

　しかし、温泉施設で重大な事故が発生したことにより、今後の安全な温泉揚湯のためには、即座に温泉法を改正し、温泉とともに湧出するこのガス成分を規制の対象とする必要が生じたため、（天然ガスが定義から除外されている）「温泉」に「付随」している「ガス」という意味合いで、**温泉付随ガス**という言葉になった、というのがその経緯のようです。

エピローグ　また温泉に行こうかな？

こちらこそありがとうございました！

また 温泉に
行ってきます！

あ、二人ともあまりにも
熱心に勉強したから、
湯気みたいな頭になっているよ？

本当だ〜！！

あとがき

　私は大学生の頃に初めて、温泉科学の研究に出会いました。専攻は地球化学で、地震活動による温泉の変化についての研究テーマを与えてもらいました。

　その後は、公設試験研究機関である三重県保健環境研究所に研究員として配属され、幸運なことに、温泉の研究を担当できることになりました。そこで初めて、公設試験研究機関が担うべき温泉研究の学問的分野は多岐にわたっていることを初めて知りました。

　自分自身の専門分野を理由に、地球化学的なアプローチだけの温泉研究に固執していては、社会的ニーズのある研究課題を取り逃がすことにもなりかねません。そこで私は、温泉を対象とすることは共通しながらも、分析化学、疫学、社会科学、衛生化学など、多面的な学問のアプローチからの研究もまずは積極的にやってみて、精一杯の成果をあげていくことに力を尽くそうと心に決めました。

　実社会において、温泉科学を学びたいという方は、たくさんいます。例えば、温泉旅館を営んでいて、自身がいわば商品としている温泉についてもっと知りたいという温泉事業者の方。行政機関で温泉法や公衆浴場法や観光系、産業振興などの担当となり、温泉開発や公衆浴場の衛生管理に関することを網羅的に学びたい行政公務員の方。温泉科学を学び、レポートや卒論のネタとしたい学生の方。純粋に温泉科学に興味をお持ちで、より多くの温泉に関する知識を得たいという温泉愛好者の方。

　しかし、これらの温泉科学の知見を必要とする多くの方々にとって、その研究成果がどの学問分野から、どの研究アプローチから生み出されたものなのかは、特段の重要なことではないのではないか、と想像します。

　本書の解説に、温泉科学に多面性に取り組んできた私の経験と知見が反映されているとして、それが温泉科学の初学者である読者の方々に対する網羅的な理解の助けになったとするならば、本書の出版の目的は達せられることになります。

　末筆になりますが、私自身の拙い原画を、渾身の技術により、見事なイラストで表現してくださいました、イラストレータの向山聡一氏には、深く感謝の意を捧げます。

2023 年 2 月

森　康則

主な参考資料

Craig, H.（1961）：Isotope variations in meteoric waters, Science, 133, 1702-1703.

早坂信哉（2018）：最高の入浴法　お風呂研究 20 年、3 万人を調査した医者が考案，大和書房.

甘露寺泰雄（2002）：温泉法第二条別表についての考察，温泉工学会誌，**28**，53-63.

甘露寺泰雄（2009）：温泉をめぐる判定について（その 1）海岸地域に湧出又は掘削し、採取される水（海岸塩水）の判定―海水か温泉かの判定をめぐって―，温泉工学会誌，**31**，27-36.

国民健康保険中央会（2001）：医療介護保険制度下における温泉の役割や活用方策に関する研究報告書.

前田眞治（2021）：温泉の医学的効果とその科学的根拠，温泉科学，**70**，197-207.

森 康則・井上源喜（2021）：日本の温泉の利用状況と経年変化―行政科学的アプローチを中心として―，地球化学，**55**，43-56.

森 康則（2014）：温泉資源の活用による健康づくりと地域活性化―三重県における温泉科学的側面からの支援とソーシャルキャピタル―，日本温泉気候物理医学会雑誌，**78**，44-45.

森 康則・永井佑樹・大市真梨乃・佐藤大輝・小林章人・吉村英基・北浦伸浩・枝川亜希子・藤井 明・泉山信司・前川純子（2022）：温泉浴槽水中の *Mycobacterium phlei* に対するモノクロラミンと遊離塩素による消毒効果，温泉科学，**72**，26-37.

MIWA, C., SHIMASAKI, H., MIZUTANI, M., MORI, Y., MAEDA, K., NAKAMURA, T., DEGUCHI, A.（2022）Effect of aging on thermoregulatory and cardiovascular changes during bathing in the elderly, The Journal of the Japanese Society of Balneology, Climatology and Physical Medicine, **85**, 48-58.

佐々木信行（2013）：温泉の科学 温泉を 10 倍楽しむための基礎知識‼（サイエンス・アイ新書），SB クリエイティブ.

杉山寛治・小坂浩司・泉山信司・縣 邦雄・遠藤卓郎（2010）：モノクロラミン消毒による浴槽レジオネラ属菌の衛生対策，保健医療科学，**59**，109-115.

田中信行・堀切豊（1995）：温泉利用の推奨による健康増進と医療費削減の試み―鹿児島県串良町における温泉利用健康増進活動―，日本温泉気候物理医学会雑誌，**59**，18-19.

他、多数の通知文書・書籍・学術論文を参考といたしました。

索　引

謝　辞

　本書を出版するにあたって、多くの方々にお世話になりました。

　本書の衛生管理に関する記述については、国立感染症研究所寄生動物部主任研究官の泉山信司先生に御指導を頂きました。本書で解説された内容には、厚生労働科学研究（健康安全・危機管理対策総合研究事業）「公衆浴場の衛生管理の推進のための研究」（22LA1008）の補助を受けて実施された研究成果が含まれています。

　本書の温泉療法に関する記述については、環境省の委託を受けて適応症、禁忌症の見直しに係る検討委員として参画された、国際医療福祉大学大学院保健医療学専攻リハビリテーション学分野教授、温泉療法専門医の前田眞治先生に御指導を頂きました。

　また、本書に記載した内容には、公益財団法人大同生命厚生事業団地域保健福祉研究助成による研究成果が含まれています。

　三重県環境生活部大気・水環境課水環境班の有冨洋子班長、山本和史主査、三重県医療保健部食品安全課生活衛生・動物愛護班 髙橋千佳班長、安藤 淳係長には、特に所管法令に関連する箇所を中心に御閲読を頂きました。

　三重県保健環境研究所の中井康博所長、衛生研究室の北浦伸浩室長、衛生研究課の吉村英基課長をはじめ、保健環境研究所の皆様には、原稿の改善に対する前向きな意見や、書籍の発行に向けた多くの励ましを頂きました。

　三重大学出版会の濱千春社長、森三和子編集長には、本書の出版のきっかけを与えて頂き、加えて本書の企画、執筆、校正、入稿に至るまで、微に入り細に入り、深くお付き合いくださいました。

　本書は皆様のおかげで無事に完成することができました。ここに記して、深く感謝申し上げます。

著者略歴

森 康則（もり やすのり）MORI Yasunori

三重県保健環境研究所 衛生研究室 衛生研究課 主査研究員　博士（学術）
信州大学理学部物質循環学科卒業
名古屋大学大学院理学研究科地球惑星理学専攻 博士前期課程修了
三重大学大学院生物資源学研究科共生環境学専攻 博士後期課程修了
三重大学大学院生物資源学研究科 リサーチフェロー
三重大学生物資源学部 非常勤講師
四日市大学環境情報学部・総合政策学部 非常勤講師
日本温泉科学会 理事 編集委員 温泉分析法研究会代表
日本温泉気候物理医学会 学術委員 評議員

○主な業績

「温泉とは何か—温泉資源の保護と活用—」（単著，2013，三重大学出版会）
「図説 日本の温泉 170 温泉のサイエンス」（分担執筆，2020，朝倉書店）
日本温泉気候物理医学会 第 19 回 優秀論文賞「Estimation of Exposure Dose due to Radon in Radioactive Spring Water —Case Study of a Hot Spring Facility in Mie Prefecture—」（2014 年）
日本温泉気候物理医学会 第 23 回 優秀論文賞「The Effect of Hinoki Cypress Bath on the Autonomic Nervous System Function, Emotion, and Relaxation」（2018 年）
日本温泉気候物理医学会 第 9 回 研究奨励賞「放射能泉を利用した熱気浴が深部体温および血流量に与える影響」（2016 年）
日本温泉科学会 奨励賞「Determination of Radon Concentration in Air Using a Liquid Scintillation Counter and an Activated Charcoal Detector（他 3 編）」（2013 年）

表紙イラスト・挿画
　　　　　　向山聡一
装丁　　山田麻由子（由無名工房）
校正　　青木和子（ことのわ）

著者インタビュー動画や読み聞かせ絵本動画、イベント情報もあります。

はじめて学ぶ ぼくたちの温泉科学

発行日　2023 年 2 月 26 日

著　者　森 康則

発行所　三重大学出版会
　　　　〒 514-8507　津市栗真町屋町 1577
　　　　三重大学総合研究棟 II 304
　　　　Tel 059-227-5715
　　　　社長　濱 千春
　　　　https://mpress.stores.jp/

印刷所　西濃印刷株式会社
　　　　〒 500-8074　岐阜県岐阜市七軒町 15

ISBN 978-4-903866-64-2 C3044